中学数学ですべて解決!

数学の底力

勉強嫌いでも知ってトクするくらしの数学

西口正

2

まえがき

　私は大学卒業後、損害保険会社で営業社員として約20年勤めました。配置転換で、損害を査定し保険金を支払う業務にも数年間携わりました。われわれ団塊の世代は、"石を投げれば当たるほど多い"と言われ、3年間で800万人を超える同年代がひしめき合う、何事においても競争の年代です。

　中間管理職に差し掛かった頃、今までのキャリアを最大限活用して、定年のない一生続けられる仕事に就きたい、と考えるようになりました。学生時代の家庭教師アルバイトで、何人もの生徒たちをみごと第一志望校へ合格させた喜びを思い起こして本気で塾経営を考えるようになりました。

　塾は許認可不要、資格も不要のため、開業へのハードルは極めて低いので、数年の準備期間の後、独立して塾を始めました。ところが知らなかったとはいえ、日本有数の塾激戦地でズブの素人が開業してしまったため、当初は思うように生徒が集まらず、悪戦苦闘の連続でした。

　小学校、中学校、高校時代は算数、数学を非常に得意としていて、他の人とは違った観点から物事を見る習慣がついていました。しかし、往時の力はサビ付いてしまっています。サビを落とし、磨き上げるのに時間がかかりましたが、独自の指導法を確立するところまでこぎ着けました。

　その指導法に基づいた塾内教材を創作、他塾との差別化を図りました。教材は数学に加え、論語や明確な目標を立て具体的な学び方をする計画学習などさまざまな分野にわたります。また、入会試験は行わず、先着順で生徒を受け入れて実績を積み重ねてきましたが、これには理由があります。

幅広いレベルの生徒を受け入れることで、私自身さまざまな学びがあるからです。元々興味や意欲のある生徒の指導は簡単です。反対に意欲のない生徒には相当な時間と努力が必要とされます。

　しかし、話をしているうちに問題点が浮き彫りになり、ハッと気付かされることもしばしばありました。保護者からは授業料をいただきますが、手を変え、品を替えて、むしろ当方が学んでいることも多く、逆に授業料を支払わないといけないかもしれませんね（笑）。

　普段生徒たちを指導していますと、とりわけ数学の苦手な子からは、「こんなこと勉強して、社会に出てから役に立つの?」と聞かれることがあります。あるいは数学嫌いなまま社会に出てしまったお母さんお父さんたちにも、恐らく同じ思いの方がおられることでしょう。

　そこで、大人世代の日常生活におけるさまざまな場面について、中学数学で解決できそうなテーマを厳選し、面白おかしく説明してみました。私は勉強嫌いの生徒に好奇心を持たせて、こちらに振り向かせるためのオリジナルギャグをよく使います。この本でも、関連ギャグを存分にちりばめました（笑）。

　固くなっていた頭をほぐすのが目的で、本筋ではありません。一人でも多くの方が数学に興味を持ち、数学好きを増やしたいとの使命感によるものです。どうぞ最後までお読みいただきますよう、よろしくお願い申し上げます。

※為替や株価、NISAなど、流動性の高い話題は、割愛させていただきました。

2025（令和7）年3月14日

一生発展途上人　　西口 正

本書の使い方

この本では日常生活におけるさまざまな場面の話題を、中学数学の観点から取り上げてみました。目次をご覧の上、興味のある項目から読み進めてください。読み方にルールはありません。また、簡単な練習問題もいくつかあります。ぜひともお取り組み願います。必ずお役に立てるものと信じています。

また、各項目には関連する興味深いコラムや小噺（こばなし）、豆知識などもふんだんに織り込みました。目からウロコの蘊蓄（うんちく）もあれば、クスッと笑える小噺もあります。軽い気持ちでリラックスしてお読みいただければ幸いです。

≪ 登場人物 ≫

アンナ
好奇心旺盛で気になることがたくさん。学校の勉強は嫌いだったけど、先生の話を聞くのは好きなフリーター。

タツヤ
アンナの弟。姉に似ず、勉強が好きな中学生。学校の成績もいい。

お父さん
会社員。やや弱気だが、頼れる一面も。お母さんには頭があがらない。

お母さん
主婦。「お買い得」「○割引」情報のチェックを欠かさないしっかり者。

グッチ先生
数字や数学にまつわる知識が豊富。アンナたちの疑問を即座に解決。関連情報も併せて解説してくれる。ただし…「親父ギャグ多過ぎ」(byアンナ)。

もくじ

まえがき ……………………………………………………………… 3

1 日常生活でトクする数学の底力

1-1 節 おまけと現金値引き、どっちがおトク？ ……………… 10

1-2 節 いろいろな割引を検証するⅠ ………………………… 16

1-3 節 いろいろな割引を検証するⅡ ………………………… 22

1-4 貯 本多静六に学ぶ、リスク分散3原則 …………………… 26

1-5 知 収入が増えると税率も大幅上昇！？ ………………… 34

1-6 損 トリック？ トラブル？ だまされてる？ ………… 40

1-7 デ 開票作業の途中で当落が分かるのはなぜ？ ………… 48

2 人として成長できちゃう数学の底力

2-1 距 真夏の夜空を彩る花火！ ………………………………… 56

2-2 デ ヒヤリ！ 車は急に止まれない！ …………………… 62

2-3 デ 計算機は大砲から生み出された！ …………………… 68

2-4 デ 多くない？「観測史上○○の異常気象」 …………… 76

2-5 デ 災害大国ニッポン　備えあれば憂いなし ………… 82

2-6 デ どうする日本？ 先細りの将来人口＆GDP ……… 90

2-7 デ 幸福度と経済力の相関関係 …………………………… 96

③ 人生で損しないための数学の底力

3-1 デ 人生なが〜く元気に ……………………………………………… 104

3-2 面 東京ドームの広さってザックリどれくらい? ………………… 110

3-3 時 63×67の計算を一瞬で　十等一和の速算テク! ………… 116

3-4 面 複雑な形の土地の面積　どう求める? ……………………… 120

3-5 節 持ち家派か賃貸派か ……………………………………………… 124

3-6 損 リボ払いの沼にハマって借金まみれに!? ………………… 130

3-7 デ 宝くじの当せん金に税金はかかるの? ……………………… 134

3-8 節 車は買う or 借りる　どっちがおトク? ………………… 140

④ 知ってると何かトクしそうな数学の底力

4-1 時 合計値は?　素早く計算! ………………………………… 148

4-2 デ データや情報のトリックにだまされない! …………… 154

4-3 時 計算は工夫次第 ………………………………………………… 162

4-4 知 数字のカンマ(,)はなぜ3ケタ刻み? ………………… 168

4-5 距 1mはどのようにして決まったのか? ………………… 176

4-6 時 1から100までの和はいくつ? ……………………… 182

あとがき ……………………………………………………………… 190

おトクポイント満載(掲載順)

節…節約できる!　　貯…貯蓄法を知る!　　知…知識が付く!

損…損しない!　　デ…データが読める!　　距…距離が分かる!

面…面積が分かる!　　時…時短になる!

おつりは足し算で…引き算じゃなく？	21
立場変われば数字も変わる	32
ドント方式	46
ビールのロング缶。まわりの長さと高さ、どっちが長い？	54
トンネル（鉄橋）問題　ポイントは3パターン	60
食塩水はシーソーゲーム？	74
先行き不透明な近未来を賢く心豊かに〜多目的フォーラム	88
全身がうつる鏡の大きさは？	102
カーナビの基本原理は三平方の定理！	146
〜以上、〜以下、〜から、〜まで	160
【単位換算】時間と速さ	161
【単位換算】百分率、割合、歩合	174
【単位換算】％と‰（パーミル）	175
「マイナス×マイナス」がなぜプラスになるのか？	186
【単位換算】ダース、量、重さ	188
【単位換算】広さ、長さ	189

構成／早坂美佐緒（東京コア）
装丁・デザイン／高橋里佳（Zapp!）
イラスト／岡本倫幸
校正／アドリブ
編集／住田直人（KADOKAWA）

日常生活でトクする数学の底力

おまけと現金値引き、どっちがおトク？

ただいま〜。お母さん、リンゴ買ってきたよ。

お帰りなさい。おばあちゃん喜ぶわ…って、何でこんなに？

それがね！ 10個買ったら、1個おまけしてくれるっていうの！おトクじゃない？

そりゃあ、おトクだけど…。

ただいま〜。駅前でリンゴが1割引になってたよ！

ただいま。青森県のアンテナショップでリンゴの5個入りが1割引でさ。おふくろが喜ぶかなって、2袋買ったら、2個おまけだって。ほらっ！

ええっ!?

簡単な計算で分かる！トクなのはどっち？

アンナさんは、遊びに来るおばあさんのために、好物のリンゴを買いに行きました。A店では「10個買うと1個おまけ」。B店では「1割引(10%引)」。さて、どちらが安いのでしょうか。

ここが目のつけどころ！

リンゴ1個の価格を「1」と考えます。これは、数学独特の考え方です。

A店：10個分の料金で11個買える

$$単価 \Rightarrow \frac{10}{(10+1)} = \frac{10}{11} ≒ 0.909 \rightarrow 0.91$$

B店：1割引

$$単価 \Rightarrow \frac{10-1}{10} = \frac{9}{10} \rightarrow 0.90$$

0.91 − 0.90 = 0.01　より、B店の方が1％分安い。
単価は（価格）÷（個数）

目先の利益（数字）におどらされないように！

　差はわずか1％。安いからと必要以上に多くの数を買って結局余らせたり、食べ過ぎたり、浪費するようなムダだけは絶対に避けたいものです。損得勘定だけでなく本当に必要なのかどうか、手持ち資金とも相談して判断するようにしましょう。

じゃあ これはどうなる？

①今日は特売日です。M店では「5個買うと1個サービス」、N店では「15％引きセール」をしています。どちらが、どれくらい安いでしょうか。

※他の条件は同じとします。

②X店では消費税分（10％）をサービス、Y店では消費税適用後の価格から10％引きのセールをしています。さて、どちらが安いでしょうか。

※金額以外の要素は考えないものとします。

【正解は…】

①M店が1.67％分安い。

M店：$\dfrac{5}{5+1} ≒ 0.8333$（定価の83.33％）

N店：$\dfrac{100-15}{100} = 0.850$（定価の85％）

$85 - 83.33 ≒ 1.67$

②Y店が100円安い。

元の価格を10,000円と考えると、

X店：10,000円　⇨　　10,000円

Y店：10,000円 × 1.1 × 0.9 ＝ 9,900円

　　　10,000 − 9,900 ＝ 100

ここが目のつけどころ！

10％増：1 ＋ 0.1 ＝ 1.1　　　10％引：1 − 0.1 ＝ 0.9

歩合や割合を小数に直す練習をしてみましょう。

	小　数		小　数
1割		15％	
1割引		15％引	
1割増		15％増	
3割引		25％引	

1を加える　・2割の利益を見込んで　　1 ＋ 0.2 　＝ 1.2

　　　　　・25％上乗せして　　　　1 ＋ 0.25 ＝ 1.25

　　　　　・15％増えて　　　　　　1 ＋ 0.15 ＝ 1.15

1から引く　・2割値段を下げて　　　1 − 0.2 　＝ 0.8

　　　　　・25％割り引いて　　　　1 − 0.25 ＝ 0.75

　　　　　・15％減少して　　　　　1 − 0.15 ＝ 0.85

割合の基本は、「1」。

	小　数		小　数
1割	0.1	15％	0.15
1割引	1 − 0.1 ＝ 0.9	15％引	1 − 0.15 ＝ 0.85
1割増	1 ＋ 0.1 ＝ 1.1	15％増	1 ＋ 0.15 ＝ 1.15
3割引	1 − 0.3 ＝ 0.7	25％引	1 − 0.25 ＝ 0.75

どちらが安いか比較してみる

　子供会でおそろいのTシャツを作ることになりました。各店の価格は次のとおりです。どちらに頼んだらいいか考えてみましょう。メンバー数は43人です。

A店	B店
50枚単位の販売	基本料金　5,000円
50枚まで50,000円	1枚につき1,000円

○ x枚作ったときの価格をy円とします。

　A店：$y = \underline{50,000}$　（xの値に関係なし。ただし $\underline{1 \leqq x \leqq 50}$）
　　　　　└─最少単位の料金　　　　　　　　　　└─1枚から50枚まで

　B店：$y = \underline{1,000x}$　＋　$\underline{5,000}$　と表せます（一次関数）。
　　　　　└─1,000×枚数　└─基本料金

○ A店とB店が同じ料金になるのは、何枚作ったときでしょうか？

　$\underline{1,000x} + \underline{5,000} = \underline{50,000}$　とします（交点を求める等置法）。
　　└─B店の料金　└─A店の料金

　　$1,000x = 50,000 - 5,000$　（$= 45,000$）

　　　　$x = \underline{45}$
　　　　　　　└─ 45枚作った場合に同じ料金になります。

　44枚まではB店、45枚より多く作る場合（46〜50枚まで）にはA店の方が安くなります。

> 43枚ピッタリ作るならB店だけど、子供会だと毎年数名の新加入があるだろうから、余分を何枚作っておくか…悩むわね！

ト〜微妙〜

じゃあ これはどうなる？

スーパーで買い物をしていると、好物の刺し身に3割引のシールが貼られました。すかさずカゴに入れたその瞬間、「へ〜先生、3割引のなんか買うの？」。振り向くと塾の生徒です。

「まあ、今ちょうど安くなったから…（カッコ悪いところを見られちゃったな）」とうろたえていたら、「うちのお母さんなら絶対買わないよ。半額（5割引）になるまで待つんだ！」と言われたので、ホッと胸をなでおろしました。割引の話では、その生徒の勝ち誇ったような顔がいつも思い浮かびます。さて問題です。980円の刺し身の場合、3割引と半額ではどれくらい金額が違ってくるでしょうか？

【正解は…】※金額は税込とします。
- 3割引　　　　　980 ×（1 − 0.3）＝ 686円
- 半額（5割引）　980 ×（1 − 0.5）＝ 490円
　　686 − 490 ＝ 196　　　　　　　半額の方が196円安い

多い分はチップ？　いやいや、おつりの話

購入額が930円の場合、1,000円払えばおつりは70円。日本では手持ちの小銭がある場合、30円追加して1,030円支払うことがあります。どんなお店でも100円のおつりが抵抗なく出てきますね。しかし、海外で、特にレジのないタクシーなどでこのようにすると、1,000円で十分なのに、「おまえはどうして余分に出すのか？」と変な顔をされた上、チップと勘違いされ、おつりさえ戻ってこないこともあるそうです。ご用心、ご用心!!

いろいろな割引を検証するⅠ

あれ？ タツヤ、これ欲しがってたゲーム。
予算オーバーだって言ってたやつじゃん。

へへへ。まあね〜。

タツヤったら、おばあちゃんへのプレゼントを頼んだら、まず
プレミア商品券を買って、自分の買い物分も捻出したのよ。

頭脳の勝利と言ってほしいね！

それ、私もやる！…えっ？ 今回の販売分は終了しましたって
ホームページに出てるじゃ〜ん。悔し〜っ！

時、既に遅し。

おトクポイントその① プレミア付き商品券

　プレミア付き商品券は、自治体の地域振興策として販売しているおトクな商品券のことです。例えば1万円で購入すると、プレミア部分3,000円分が付き、その地域限定ですが1万3,000円分の買い物ができるというものです。
　　おトク、かつ少数しか出回らないために、人気が高く、手に入れるのが困難な場合も多いです。

◆**支払額1万円当たりの簡易比較表**

プレミア部分 （単位：円）	使える額 （単位：円）	お得な分の割合計算	概算割引率
1,000	11,000	1,000 ÷ 11,000 ≒ 0.091	9.1%
2,000	12,000	2,000 ÷ 12,000 ≒ 0.167	16.7%
3,000	13,000	3,000 ÷ 13,000 ≒ 0.231	23.1%

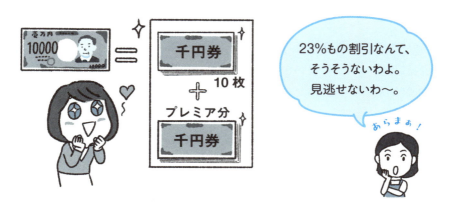

　近年、日本は急速な人口減少に見舞われています、そのため地域経済活性化を目指して、プレミア付き商品券やそれに似た制度が次々に導入されることが考えられます。

おトクポイントその②
本日ポイント○倍、今だけ○割引、タイムセール!!

　買い物をした金額に応じてポイントが貯まっていく。日用品に限らず、家電量販店やアパレル店、コンビニエンスストア、いろいろな店で見かけますね。「ポイントが貯まっていくのが楽しみ！」という人もいるでしょう。店によっても異なりますが、購入額の0.5％から1％のポイントが貯まり、後日買い物に使えるというものが多いです。

　「本日ポイント3倍デー」とか、「5倍！」「10倍！」などと打ち出されると、「買わなきゃ損！」と思ってしまいそうですが、そこは冷静に。

ポイント3倍の場合

　0.5％のとき、0.5×3＝1.5％　2,000円の買い物で30ポイント

　1％のとき、　1×3＝3％　2,000円の買い物で60ポイント

いくら分のポイントが貯まるのか（後日使えるのか）を考えて判断しましょう。

今だけ○割引！

　夏物の商品を秋物と入れ替えるために夏物を売り切ってしまいたいなど、お店側が商品在庫を早く処分するためのテクニックとして使うケースが多いようですね。

　せっかく買ったけれど今年はもう着ない、来年の夏にはデザインが流行遅れでやっぱり着ないなどということもありがちです。宣伝文句にせかされて正しい判断ができず、「安物買いの銭失い」になることがないよう、ここも冷静に。

人生、損得勘定だけではありませんよ！

ちょっと一言

おトクポイントその③ 同じ土俵で比べてみる

①3個400円と②5個600円、どちらがおトクか迷ったら…同じ商品なら、同じ土俵で考える習慣をつけましょう。

○単価（1個当たりの値段）で比べる
　①3個400円　　400 ÷ 3 = 133.333…　　約133円
　②5個600円　　600 ÷ 5 = 120　　　　　120円 ←安い
○個数を合わせて比べる（例：15個の値段）
　① 3 × 5 = 15（個）　400 × 5 = 2,000　　2,000円
　② 5 × 3 = 15（個）　600 × 3 = 1,800　　1,800円 ←安い

では、③80g 300円と④120g 500円の量り売り、おトクなのは…

○単価（100g当たりの値段）で比べる
　③ 80 ÷ 0.8 = 100（g）　300 ÷ 0.8 = 375　　375円 ←安い
　④120 ÷ 1.2 = 100（g）　500 ÷ 1.2 = 416.66…　約417円
○量を合わせて比べる（例：240gの値段）
　③ 80 × 3 = 240（g）　300 × 3 = 900　　900円 ←安い
　④120 × 2 = 240（g）　500 × 2 = 1,000　　1,000円

計算のしやすい方で比べてみましょう。

ここが目のつけどころ！

生鮮品なら、家族構成も考え、食べ切れるかどうか、必要かどうか、食品ロスを出さないことなども重要なポイントとなりますね。

値段はどうあれ、ムダな買い物はしないのも「節約」のポイントよね。

第1章　日常生活でトクする数学の底力

おトクポイントその④
お買い上げ○○円につき1回、クジ引きのチャンス！

　コンビニなどでよくあるキャンペーンで、はやりのキャラクターや市販されていないグッズなどに引かれて、つい、余分なものまで買ってしまった経験はありませんか？
　店側の立場からみれば、一人当たりの売上金額（客単価）を引き上げる作戦。後々後悔しないよう、くれぐれも注意しましょう。

おトクポイントその⑤
○○人に一人、無料キャンペーン

　例えば航空会社の日本国内全路線全便50人に一人無料（後日返金）キャンペーンで自動発券機などを利用すると、50人に一人の割合で無料の表示が出て、キャッシュバックを受けられるというもの。もし、私が当たったら、びっくりして「やった！」と大騒ぎしてしまいそうです。しかし、割引になるのは50分の1。2％にすぎませんが、宣伝効果は大きそうですね。

バーコードが大活躍！
POS（販売時点情報管理）の効用

　POSはポイントオブセールスの略。商品に付いているバーコードを専用リーダーで読み取り、商品情報を収集、記録等を行うシステムのことです。レジでの会計や売り上げ管理、在庫管理なども瞬時に行い、欠品商品の把握や商品補充に情報を活用することもできます。コンビニやスーパーでよく見かけるセルフレジでも導入され、ますます便利になっていますね。ちなみにコードは万国共通で、日本国の識別番号は45または49。国内で売られている商品の頭2ケタを確認してみてください。

おつりは足し算で…引き算じゃなく？

　日本では、785円の買い物をして1,000円札を出した場合には、レジを通したり電卓を使ったりしなくても、スッと「215円のおつりです」と、出てきますね。これは多くの日本人が、「1,000－785＝215」という引き算の計算を暗算でできるからです。

　ところが海外で同じ状況だと次のような流れとなります（もっとも円ではありませんが…）。

①785円＋5円硬貨1枚 ＝ 790円
　　　　　　⇩
②790円＋10円硬貨1枚 ＝ 800円
　　　　　　⇩
③800円＋100円硬貨2枚＝1,000円

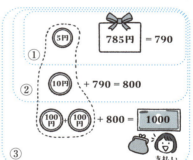

　こうして、5＋10＋200＝215円のおつりが出てくるのです。
　私は世界数十か国を訪問しましたが、多くの国ではこのように足し算でおつりの計算をしていました。どうやら引き算が苦手なようですね。

知っトク！

便利でカンタン。補数を使う計算
例えば100に近い数字では、足して100になるもう片方の数字を補数といいます。例えば99の補数は1、95なら5、89なら11という具合です。
反射的に補数が出てくるようになれば、計算が正確で、素早くできるようになりますよ。また、買い物のときに、3〜4個程度の品数なら、暗算にチャレンジしてみるのもいい練習になります。

いろいろな割引を検証するⅡ

お父さんのセンスじゃ不安だから、私が選んであげる。
後でスイーツよろしくね！

分かったって。お母さんが「2割引の期間のうちに買ってらっしゃい」って言うからさ。頼むよ。

あれ？ちょっとお父さん！2着買うと、
2着目が半額になるんだって！おトクじゃない？

ほんとだ。でも1着目は2割引じゃなくて定価だよ。
お母さんに怒られるかな。どうしよう…。

まあまあ、慌てないで。
どちらがトクか、検証が必要ですよ。

本当にトクなのはどれかを考える

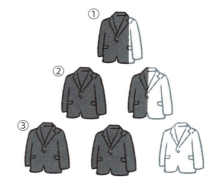

　紳士服チェーンに行くと、1着3万円の背広が、①1着買うと2割引、②2着買うと2着目半額（1着目定価）、③3着買うと3着目無料（1、2着目定価）というセールをやっていました。あなたならどれを選びますか？

　1着当たりの単価は①24,000円、②22,500円（30,000×1.5÷2）、③20,000円（30,000×2÷3）となり、金額が一番安いのは③となります。しかし、本当に2着も3着も必要でしょうか？　手持ち資金ともあわせて、しっかり状況判断するようにしましょう。

　店側の立場ではどうでしょうか。1着の定価は3万円、仕入れ原価率が20%（原価6,000円）の場合の、店の粗利益を計算してみましょう。

①1着2割引⇨1－0.2＝0.8より
　30,000×0.8－6,000×1＝18,000円
②2着目半額（1着目定価）⇨1.5着分
　30,000×1.5－6,000×2＝33,000円
③3着目無料（1、2着目定価）⇨2着分
　30,000×2－6,000×3＝42,000円

③が、①の約2.33倍、②の約1.27倍。

> **知っトク！**
> **仕入れ原価率**…売上に金額対する仕入れ原価の割合。
>
> **粗利益**…売上金額から仕入れ原価を引いた金額。

一番もうかりますね。店舗の家賃や接客する人件費などの必要経費はあまり変わらないので、一人のお客にたくさん買ってもらった方が、売上金額、粗利益とも増え、品物も速く回転します。

　実際、Aにするか、Bにするかと迷うお客が多いので、まとめて買ってもらう方がいいようです。

　客側の立場としては、まとめ買いをする場合には、一つ当たりの単価を素早く計算できるよう、日頃から金銭感覚を磨いておくことです。慌てて結論を出さないようにすることも大切ですね。

「初回限定9割引！」の甘い罠？ サギに注意

　おトクそうに見えて、実はトラブルが多いものに、通信販売等で初回のみ極端に値段を下げて顧客を引き寄せる商法があります。

　思わぬトラブルに巻き込まれぬよう、次の項目をチェックすることをお勧めします。

> **チェック項目**
> ☑ 1回だけの購入なのか、継続購入なのか
> ☑ 支払い方法が銀行振り込みやカード払いのみか
> ☑ 連絡先の住所や電話番号が表示されているか
> ☑ URLが不自然(偽サイトの恐れ)ではないか
> ☑ 不自然な日本語表記がないか

　これらの全てが納得できない場合は見送った方が良さそうです。

　先払いしたけれど商品が届かないなどのトラブルも多いって聞いたことがあるわ。

中間価格に誘導されない！
2,000円、3,000円、5,000円、あなたならどのワイン？

　特別な日、いつもと違ったチョッピリ高級なレストランに行くことになったあなた。席に案内されて、おススメのコース料理を注文すると、ボーイさんがワインも勧めてきました。価格は2,000円、3,000円、5,000円の3種類、さてあなたはいくらのワインを注文しますか？

　実はここには店側の戦略があるのです。特別の日に一番安いのはちょっと、という人間の心理を突いてきています。実際に多くの人が中間の3,000円のワインを選ぶそうです。5,000円はちょっと贅沢かな？

2,000円では貧弱かな？と考え、多くの人が3,000円のワインに落ち着くのだとか。

2,000円と3,000円の2種類だとどうしても2,000円のものが多くなってしまいます。3,000円のワインを売りたいとの店側の思惑から、5,000円のワインのラインアップをそろえることで、3,000円のワインに落ち着かせる。

「松竹梅の法則」とも言うそうですよ。一般に松（特上）2割前後、竹（上）5割前後、梅（並）3割前後に落ち着く傾向にあるようです。

見えを張らず、お財布と相談して、心に残る特別な日のお食事を楽しみましょう！

「本日冷凍食品半額セール」の謎

スーパーに行くと「○曜日は冷凍食品半額の日」などのPOPをよく見かけます。多くのスーパーで実施しているようですが、なぜ冷凍食品だけが半額にまで値引きされるのか？ 店側は大丈夫なのか？ と疑問に思ったことはありませんか？ このカラクリを考えてみましょう。

スーパーの冷凍食品の半額セールは、心理学のアンカリング効果というものを利用しているそうです。アンカーとは（船などの）錨のことで、海底に沈めて係留する基準点を意味します。「○曜日以外は定価（割引なし）」と印象づけておくことで、定価が基準点（アンカー）となります。客は、○曜日はいつもより安いと反射的に考え、つい多く買ってしまうのです。

実はこの割引価格こそがメーカーやスーパーなどの売り手側が売りたいと考える「希望小売価格」。定価は、あくまで半額セールで買わせるための基準点なので、定価の日にあまり売れなくても、「半額セール」で多く売れれば元は取れる。これが謎の答えだとか。

1-4 貯蓄法を知る！
本多静六に学ぶ、リスク分散3原則

ねぇタツヤ、今月ちょっとピンチでさ…
バイト代入ったらすぐ返すから！！

お姉ちゃん、また？ ついこの間「バイト代でバッグ買ったの」って言ってたじゃん。

まあ、いつの間にかね〜。

もう！ 少しは残しとけよな。

おやおや。アンナさんは本多静六の「4分の1貯金」にチャレンジするといいかもです。

ホンダセイロク…どこの人？

新一万円札の顔を支えた伝説の億万長者

　2024年発行の新紙幣一万円札の肖像に渋沢栄一氏が選ばれました。明治政府で大蔵省等に属した渋沢氏は、その後、健全財政を主張して第一国立銀行を設立しました。後に、指導的立場で、日本の名だたる500社もの企業の創設に携わったことでも有名な実業家です。

日本の資本主義の父
渋沢栄一氏

林学者・公園の父
蓄財の神さま
本多静六氏

　渋沢氏の経営理念は、著書『論語と算盤』に詳説されているとおり、「道徳経済合一説」で、義に反した利を戒めるものです。分かりやすくいうと、「商人といえども利潤追求だけではいけない。誠意をもって顧客に接しなさい」ということでしょうか。渋沢氏は、この考え方を広めるために商業学校を創設するなど、実業界の社会的向上や約

> **知っトク!**
>
> **本多静六（ほんだせいろく）**
>
> 日本で初の林学博士。各地の森林の造成や公園の設計などさまざまな事業を行い、近代日本の発展に大きく貢献したとされる人物。出身地である埼玉県では、本多氏が寄付した2,600ヘクタールもの山林を基にした「本多静六博士奨学金」が設けられています。

600もの社会公共事業の育成にも努めました。しかし、紙幣の顔となるほどの偉人でも、一人きりでは大事業を切り盛りしていくのは困難で、多くの優秀な人材に支えられていました。渋沢氏を顧問として支えた一人が本多静六氏です。本多氏は、東京の明治神宮の森や日比谷公園、福岡の大濠公園の設計をしたことでも知られています。

　農家に生まれ、貧しい暮らしをしながら勉学に励んだ本多氏。後に「伝説の億万長者」と呼ばれるほどに財を成したその投資法は大変有名です。著書『私の財産告白』も参考にしながら紹介しましょう。

　本多氏は次の3点を実践し、現在の価値で100億円の資産を築いたと言われています。

1．収入の4分の1を天引き貯金（貯蓄の習慣）
2．貯まったら投資に回す（リスクの分散）
3．無理をせず、辛抱強く好機を待つ

　皆さんも100億円まではいかなくても、将来を見据え、資産形成を考えてみてはいかがでしょうか。投資にはリスクがつきものですが、自分の受け入れ可能なリスクをしっかり把握しながら取り組むことで、堅実な資産形成につなげることができるでしょう。

本多静六式億万長者への道その① 4分の1貯金

　本多式では、通常収入は、収入があったとき、
①4分の1を天引きで貯金してしまい、最初から4分の3しか収入がなかったと思い込む。
②臨時収入は全部貯金して貯蓄増加に織り込む。

　本多氏は若い頃に、苦しい生活の中でこれらを実践したため、さらに苦しさが増し、日常は困窮を極めたそうです。

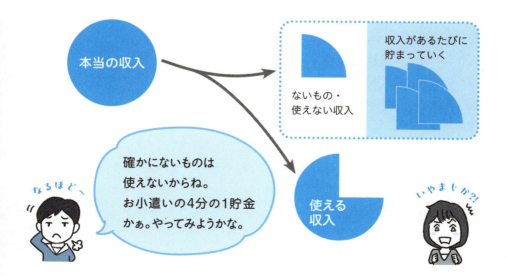

本多静六式億万長者への道その② 分散投資法

本多式では、物的投資の対象として、不動産（土地、山林）、債券（預金等）、株式（事業出資）の財産三分法を説き、リスクの分散を勧めています。

※不動産⇨長期、債券⇨短期、株式⇨中期とも考えられます。

本多静六式億万長者への道その③ 辛抱強く好機を待つ

「利殖の根本を成すものは『物と金』の適時交替の繰り返しであった」と本多氏は述べています。

- 好景気、楽観時代は思い切った勤倹貯蓄 ⇨ 金重視
- 不景気、悲観時代は思い切った投資 ⇨ 物重視

人生には3つの坂があると言われます。
「上り坂（積立期間中）」「下り坂（積立終了後）」「まさか」。まさかの際には、急な出費が重なりますので、流動性も必要になってきますね。

私は、金銭的なものだけでなく、書籍代、新聞代、講座受講料など自分に対する知的投資も大切にし、惜しみなく資金を投入しています。

本多静六式の成果は？ 果たして

　本多氏を見習って貯蓄にチャレンジしたら、どのくらい貯められるのでしょうか。『私の財産告白』を参考に試算してみると以下のようになります。

【例】タツヤくんが25歳から65歳まで次の給与等で働いた場合の貯蓄額は？
・25歳〜29歳の5年間
　　月給（手取り）20万円、ボーナス（年2回〔手取り〕25万円）
・30歳〜49歳の20年間
　　月給（手取り）28万円、ボーナス（年2回〔手取り〕30万円）
・50歳以降の15年間
　　月給（手取り）20万円、ボーナス（年2回〔手取り〕30万円）
・退職金　3,000万円

期間：25歳〜29歳（5年間）			（単位：万円）
	月　額	年　間	期間中合計
月給：4分の1	5	60	300
ボーナス：全額（年2回）	25	50	250

期間：30歳〜49歳（20年間）			（単位：万円）
	月　額	年　間	期間中合計
月給：4分の1	7	84	1,680
ボーナス：全額（年2回）	30	60	1,200

期間：50歳〜64歳（15年間）			（単位：万円）
	月　額	年　間	期間中合計
月給：4分の1	5	60	900
ボーナス：全額（年2回）	30	60	900

退職金　（全額）	（単位：万円）	3,000
総合計	（単位：万円）	**8,230**

　あくまでも単純計算ですが、運用益が上乗せされれば1億円に近づけることも十分可能です。
　どうでしょうか。本多氏のマネ、できそうですか？

じゃあ 試算してみよう！

実際に自分の月給ではどうなるでしょう。月給制で働いていない人は「月に○円の収入があったら」と仮定して試算してみましょう。

期間：25歳〜29歳（5年間）			(単位：万円)
	月　額	年　間	期間中合計
月給：4分の1			
ボーナス：全額（年2回）			

期間：30歳〜49歳（20年間）			(単位：万円)
	月　額	年　間	期間中合計
月給：4分の1			
ボーナス：全額（年2回）			

期間：50歳〜64歳（15年間）			(単位：万円)
	月　額	年　間	期間中合計
月給：4分の1			
ボーナス：全額（年2回）			

退職金（全額）	(単位：万円)

総合計	(単位：万円)	

貯蓄できる金額も、
できるかできないかも、
全てはボク次第ってことか〜。

立場変われば数字も変わる

　銀行に行き、ATMの列に何げなく並んでいると、横の棚にマイカーローンのパンフが並べてあるのが目に留まりました。ちょうど、車が欲しいと思っていたので1部持ち帰り、家で開いてみました。
　「ご融資額最大**1,000万円**、ご融資利率**年0.90％**～年2.70％」とあった場合、大きく赤い字で書いてある年0.90％が適用されると思い込みがちですが、果たしてそれでいいのでしょうか？

　　　　　＊　　　　　　＊　　　　　　＊

　詳しく読み進めると、

> 1．借入金額によって金利が変わる
> 2．環境に配慮した新車を購入する場合、SDGs割引も適用される
> 3．それまでのその銀行との取引実績などにより大きく変わる

と小さく記載されていました。
　年0.90％と2.70％とでは3倍の開きがあり、単純に考えても3倍の利息が毎月の返済等に上乗せされることが分かりました。
　ご融資利率年0.90％と大きく書いて、目を引き付け、年2.70％は、ごく小さく書いてあるのです。残念！
　人間誰しも自分がかわいいので、自分に都合良く考えがちですが、車の車種やグレードを決める前に、確認しておかないと大変なことになります。このように目を引く大きな文字だけでなく、小さく記載されている文字もしっかり確認することはもちろん、無難に高めの年2.70％と考えて検討した方が良さそうですね。

　　　　　＊　　　　　　＊　　　　　　＊

　比較的借りやすいノンバンク（消費者金融）と提携型ディーラーローン

は、年4～8％が相場のようですが、会社によっては年14％を超えるものもあります。さらに年利〇％と言いながら、金利以外に必要なもの（保証料や会費等）があるので、表面金利なのか実質金利なのかも、しっかり確認することが大切です。上乗せされて、法外な金利負担になる場合もあります。ご用心、ご用心！

＊　　　　　＊　　　　　＊

　ちなみに損害保険会社勤務時代、ノンバンク何社かと取引がありましたが、ノンバンクの金利が高いのは、市中の銀行などでローンが通らなかった人が多く、ある程度事故（返済不能など）発生は織り込み済みだからとのこと。そのため、財務省や都道府県等から高金利でも認可を受けやすいと、担当の方が話していました。

　自動車に限らず、家の修繕見積もりを取る際にも、正式な見積書が出る前に、「大体いくらくらいでしょうか」とアバウトに確認することがありますね。業者が「20〜30万円くらいでしょうか」と言えば、一般に20万円と考えがちですが、30万円と考えておいた方が無難です。業者は決してウソを言っているわけではなく、30万円も含めて言っているのですから。

＊　　　　　＊　　　　　＊

　脳は都合の良い方を記憶するのです。自分勝手な判断は避け、このように、立場が変われば数字が変わることも、しっかり心得ておきましょう。

※銀行もノンバンクも認可事業ですが、銀行が預金による原資を貸し付ける形式なのに対し、ノンバンクは資金を市場から調達する、いわばハイリスク・ハイリターン運用の事業者が多いようです。

1-5 知識が付く!
収入が増えると税率も大幅上昇!?

求人サイトで「年収240万円」っていうのがあったの。
月々20万円なら結構いいよね。

いや、そこから税金とか引かれるから20万円もらえる
わけじゃないぞ。

えっ! いくら引かれちゃうの? もらえるのはいくらなのっ?

いくらって言われてもなぁ。
控除もあるし、所得税もあるし…(先生、助けて〜)。

それでは、そのあたりの仕組みを
ざっと説明しましょうか。

なぜ納めなければいけないの？「税」について

「税金」を英語で言うと、「TAX」ともう一つ「DUTY」があります。DUTYには義務という意味もあり、社会を構成する全ての国民が納税義務を背負っていることを表しています。この本は数学関連の本ですから、詳しい説明は省き、基本的なところだけ説明していきます。

国や県、市などが提供する公共サービスは、われわれが納める税金によって成り立っており、医療や教育、交通機関、国防も全て税金がなければ成り立ちません。逆に言うと、税金のおかげで道路が整備され、教育が受けられ、医療が施され、警察や消防で街の安全が守られ、外国からの侵略にも備えられているのです。

多くの人が給与や報酬によって生計を立てていますが、所得税と住民税は支給時に天引きされています。企業はこれらを集計して法人税と共に国や県、市などに納め、それによって世の中が成り立っているのです。所得の多い人ほど社会的責任が大きく、社会的地位や社会に対する義務も大きいのです。このことをノブレス・オブリージュと言います。

特に収入が多い方には、税金をしっかり納めていただきたいですよね。もちろん私も納めますけど。

知っトク！

ノブレス・オブリージュ
…高い身分や財力のある者には、それに応じて果たすべき社会的責任や義務がある、というフランス発祥の道徳観。

現在、日本の税制は、「公平」「中立」「簡素」の租税三原則に基づいています。

・**公平**は、負担を等しくすること
・**中立**は、経済活動を邪魔しないこと
・**簡素**は、分かりやすくすること

現代の日本では急激な人口減少に見舞われているので、税収の先行きも不透明です。そのため政府は高齢者への手厚い給付により、現役生産世代が重税感を感じない、税と社会保障との一体化を推進しています。

年収、給与所得、課税所得、手取りは全て別物！

　実際の年収（総支給額）、給与所得控除を差し引いた給与所得、社会保険料控除などさまざまな所得控除を差し引いた課税所得、さらに課税所得から算出した税金などが差し引かれた後の手取り金額などのメカニズムについて考えてみましょう。

※実際の年収と手取り金額の関係は年齢や家族構成、経済状況、経済活動によっても左右され、税制や税率は今後変更になる可能性もあります。十分ご注意願います。

まず用語の知識です。
それぞれの意味や関係を
しっかり確認していきましょう！

○年収
　基本給＋手当＋賞与の合計額（グロス）。会社がその社員に対して支払う総支給額（税金や社会保険料を差し引く前の総額）。

○給与所得
　年収から給与所得控除（経費に当たる金額）を差し引いた金額。

○課税所得
　税金の対象となる金額。給与所得からさらに各個人に対するさまざまな所得控除を差し引いたもの。

○所得控除

個人的事情を算出に反映させるもの。基礎控除、扶養控除、社会保険料控除、生命保険や損害保険の保険料控除など15項目あり、控除を受けるために確定申告が必要な場合もあります。

給与所得 ー 所得控除 ＝ 課税所得

○手取り

課税所得から算出した税金を差し引き、実際に給料日に受け取る金額。

課税所得 ー 税金 ＝ 手取り

◆主な税金

住民税	前年の所得により算出されるので、入社1年目の新人には原則かかりません（課税所得は千円未満切捨て）。		
所得税	本年の所得により算出されます。所得税は、収入が増えると税率も大幅上昇する累進税率です（国税、直接税）。※2024年12月現在。		

課税所得（単位：万円）		税率（単位：%）	控除額（単位：万円）
195未満		5	0
195以上	330未満	10	9.75
330以上	695未満	20	42.75
695以上	900未満	23	63.6
900以上	1,800未満	33	153.6
1,800以上	4,000未満	40	279.6
4,000以上		45	479.6

※社会保険料とは、厚生年金保険料、健康保険料、介護保険料、雇用保険（失業保険）料などの合計額。

源泉徴収 ➡ 年末調整 ➡ 確定申告 の流れ

　企業から給与を得ている場合の、源泉徴収、年末調整、確定申告の流れを知っておきましょう。

○源泉徴収
給与を支払う企業などが概算税額を算出して見込み所得税を天引き（源泉）徴収しておくこと。

○年末調整
従業員から提出された生命保険料や損害保険料控除証明書により、正確な納税額を算出し、所得税の過不足を調整する手続きのこと。

○確定申告
年末調整を行わなかった人、または下記に当てはまる場合は、該当する個人が税務署に確定申告する必要があります。

◆個人で確定申告をする必要がある場合（代表例）

①給与の収入金額が年間2,000万円超
②給与を2か所以上から受けている
③給与所得、退職所得以外の所得が20万円超

納税は義務です。金額の多少に関係なく、期日までにしっかり納めましょう！！

消費税の逆進性って何?

所得税が、収入が増えると税率も上昇する累進税率なのに対して、消費税は、おおまかには食品類8％、一般商品10％と、誰に対しても税率は変わりません。ところが、この消費税は「逆進性が生じる」「逆進的である」と言われます。所得が低いほど、負担が大きくなるという意味ですが、なぜそうなるのでしょうか。

> **知っトク！**
>
> 消費税は、業者が決算申告時に支払う間接税。
>
> ※間接税…納税義務者（業者）と負担者（消費者）が異なる税のこと。

通常、高所得者ほど多くの消費を行うため、消費税額も多く負担していると考えられます。ところが、生活必需品の消費については、高所得者でも低所得者でもさほど大きな差はありません。高所得者だからといって、低所得者の5倍も10倍も、消費するわけではありませんよね。

そこで消費税額の所得に対する割合を比べると、高所得者ほど所得に対する割合が少なくなり、逆進性が生じると言われているのです。

◆消費税の負担額と率（支払った消費税額が10万円の場合）

年収が少ないほど消費税が負担になるのね。家計に響くはずねぇ

トリック？ トラブル？ だまされてる？

えーっ！ そんなに？ でも今お金ないしー。
…そうですよね！ ちょっと待ってください！
お母さん、ちょっとちょっと！

何電話で大声出してるの？

何かね、会員制の投資会社ってとこから電話きてて。
入会金10万円で会員になると、月々配当？ が
2万円くらい？ 入るんだって。それで…。

…さっさと切りなさい！（怒）

アンナさん…そんな絵に描いたような
怪しい話を…（ため息）。

計算のトリックで思うつぼ「壺算(つぼざん)」

　落語の「壺算」を知っていますか？ これは数学に関連する、ちょっとしたトリックを使ったお話です。

※脚色してあります。1升＝1.8L＝1,800mL

> おかみさんに言われて2升入りの壺を買いに来た若旦那。店に入ると、最初に目についた1升入りの壺が大変気に入りました。値段を聞くと5,000円。おかみさんから預かったお金で十分足りるのですが、少し浮かして自分の小遣いにしようと考えた若旦那は、値切りに値切って4割引(0.6倍) 3,000円まで下げさせました。
> 若旦那はルンルン気分で壺を買って帰りましたが、おかみさんから「1升入りの壺なんていらないよ。2升入りの壺に替えてきなさい」と怒られてしまいました。
> 仕方なくお店に戻り、2升入りの壺の値段を聞いてみると1升入りの2倍の1万円。さっきは1升入りを3,000円にしてくれたじゃないかと粘りに粘り、6,000円で交渉成立。そこで若旦那、「さっき払ったのが3,000円、1升入りの壺を返すから3,000円の返金だよな。合わせて6,000円だ。じゃあ、この壺もらっていくぜ！」。「へ？」という店員を残し、さっさと2升入りの壺を持って帰ってしまいました。
> 最初に払った3,000円だけで、まんまと2升入りの壺を手に入れた若旦那の「思うつぼ！」だったというお話。

店員が気の毒過ぎ…。

　誰でも冷静に考えると、おかしいことに気が付くと思います。しかし、言葉巧みに、しかも大声でまくしたてるように交渉されると、頭が混乱してしまうこともあるでしょう。実際に似たような手口で高級宝飾店がサギグループの被害に遭ったとの報道がありました。ご用心、ご用心！

「特殊サギ」にご用心！冷静な判断を

　美術品などの価値を鑑定するテレビ番組に出演している有名な骨董品鑑定人が、「先生は偽物をつかまされたことはないのですか？」と聞かれ、「イヤというほどだまされましたよ。だまされてだまされて、だまされ続けたおかげで今日の私があるのですよ。だまされずに平々凡々ときていたら、本物を見抜く眼力など、決して身に付かなかったことでしょう」と答えていました。そういった経験の積み重ねも必要なんだなぁと、とても印象的でした。

　年々、「電話deサギ」「還付金サギ」「新紙幣交換サギ」など手の込んだサギが増え、被害金額が史上最高額だというニュースを目にすることもあります。電話ぐちで「あなただけ」「今だけ」「必ずもうかる」などの言葉で迫り、判断を急がせる投資サギもあります。家計や生活に取り返しのつかない影響を及ぼすような被害に遭わないように、いい話だと思っても、いったん電話を切って、信頼できる誰かに相談してから判断するといいでしょう。

　また青少年が高額バイトの甘言に乗せられ、犯罪の片棒を担がされるケースも多いようで、非常に心が痛みます。私も長い人生の経験から、「楽してもうかる話は絶対にない！」と断言できます。誰もが先の鑑定人のように、だまされ続けたことで身を立てられるわけではないのです。

　また前項（**1-4**）で、リスク分散することを学びました。よいもうけ話をつかみ、チャレンジする場合も、自分でリカバリーできる範囲内でとどめておくことです。

財産をすっかり失うなんて、絶対あっちゃいけないよね！！

どのレジが早い!? 行列の待ち時間を計算してみる

スーパーに行ったらレジが混んでいて、長い行列があったとき。少しでも早く順番がくるレジに並びたいですが、あなたならどのように選びますか？

A 並んでいる人数が少ないレジ
B 並んでいる人のカゴの中身が少ないレジ
C 手際の良い店員のレジ

実は、行列が解消する時間を計算する方法があります。ニュートン算では、水量、牧草、行列などが計算できるのですが、ここでは行列が解消する時間を考えてみましょう。

A、Bが効率良く回っていきそうだけど、Cも捨てがたいな。

> **知っトク！**
>
> **ニュートン算**
> 一方で数が増え、もう一方で減っていくとき、特定の数になる時間を求める方法。リンゴが木から落ちるのを見て、万有引力を思い付いたアイザック・ニュートンが考えたもの。

【例題】
ライブ会場の入り口に30人の行列がありました。毎分3人ずつ行列に並び、受付窓口の処理能力は毎分4人。開演に間に合わせるため、窓口をもう一つ増やしました。行列は何分でなくなるでしょうか。

【解説】
x 分で行列が解消すると仮定します。
① x 分後に窓口にいる人の数…$(30+3x)$ 人
② 受け付けできる人の数…毎分 $4 \times 2 = 8$ 人、x 分で $8x$ 人
行列が解消するのは並んでいる人が0人（①と②が同数）のときなので、
$30 + 3x = 8x$
$30 = 8x - 3x \ (= 5x)$
$x = 6$

答え　6分後

※この例では、受付処理能力は同じとみていますが、実際には、当然のことながら、受付窓口の人の能力差も影響するでしょう。

仕事は忙しい人に頼め。笑う門には福来る

　忙しく多くの仕事をこなしている人は時間を使う段取りを心得ているので手際がいいのでしょうね。しかし、店員さんが手際良くても、お客が支払いに手間取り、時間がかかるケースもあり、結果的に遅くなることもありますね。そこで私なりのユニークな判断法をお伝えします。私は買い物は楽しくしたいので、店員さんと会話するようにしています。そこで会話のできそうな人、表情のいい人、愛想の良さそうな人、運の良さそうな人、話しやすそうな人を一瞬で見極めてその列に並びます。

　スーパーに限らず地元では行きつけの病院、銀行、郵便局、写真館、書店、コンビニなどに親しくお話しできる人がいます。このように接していると、写真館では記念写真を店頭に展示したいとの申し出があり、てっきり私がイケメンだからだと勝手に考えていましたら、「違うよ、頼みやすいからだよ」と言われてしまいました（ガッカリ）。なじみの飲食店では裏メニューが出てくることもあります（笑）。

　理容店ではイスに座ると、首に細長い白い紙を巻きつけられ、「苦しくないですか？」と聞かれますね。「大丈夫ですよ、これくらい。苦しいのは生活だけですよ」と言って、会話に弾みをつけています。皆さんも余裕を持って買い物を楽しむことをお勧めします。

　また先日、ある統計を見ていると、驚いたことに銀行等の金融機関で強盗に狙われるのは暗いお店、陰気なお店が多いそうです。何となく分かるような気がします。「笑う門には福来る」、いつも礼儀正しく、明るく元気に大きな声であいさつすれば、不幸は立ち去り、幸せが向こうからひとりでにやって来るのだと固く信じています。

続・鶴の恩返し！？

ご存じ「鶴の恩返し」。

> あらすじ：ある冬の日、お爺さんは行商からの帰り道、罠に掛かって苦しんでいる鶴を見つけました。かわいそうに思ったお爺さんは、罠を外して逃がしてやりました。その後の吹雪の夜に、道に迷った若い娘がやって来て一夜の宿を乞いました。お爺さんが泊めてあげると、娘はお礼に反物を織りたいといいます。「織っている間、決してのぞかないでくださいね」。娘が織った反物は高値でどんどん売れましたが、娘は次第に憔悴していきます。心配になったお爺さんは、とうとう約束を破ってのぞいてしまいました。すると、一羽の鶴がお爺さんへのお礼がしたいと、自分の美しい羽を織り込んで反物を織っていたのです。「情けは人のためならず！」という教訓のお話。

この話を聞いた欲張り爺さん。何と自分で罠を仕掛けます。狙いどおりに鶴が罠に掛かると、「おお、かわいそうに」。罠から外して逃がしてやりました。すると数日後、若い娘が一夜の宿を、とやって来ました。欲張り爺さんは、しめしめと喜んで娘を泊めました。翌朝、部屋をのぞいたところ、娘はおらず、家財道具がごっそりなくなっていました。欲張り爺さんの罠に掛かったのは、鶴ではなく、サギ(鷺)でした…とさ。

ドント方式

　日本では、議員を選ぶ場合、国民が代表者を直接選ぶ直接選挙を行います。衆議院議員選挙は、小選挙区と比例代表の並立制で行われ、重複立候補者は惜敗率による復活当選があります。参議院議員選挙でも、原則、都道府県別の選挙区制と全国を一つの単位としてみる比例代表制を組み合わせて行われます。少し分かりづらいですね。

　これらの選挙制度については、小選挙区制では多くのいわゆる「死に票」が出ること、憲法で法の下の平等を定めているにもかかわらず、場所によって1票の価値が2倍以上にもなってしまう（格差が生じる）こと、さらに選挙に多くのお金がかかること（選挙が終わると選挙資金が絡んだ「疑惑」が度々ニュースになります）などについて、問題視する声も多いです。

　しかしここでは、単純に比例代表制の仕組みについて考えてみたいと思います。政党がA党、K党、S党の3党、立候補者が各党3人で、得票数が次の場合、どの党のどの候補者が当選できるのかでしょうか？

単位:万票

A 党		総得票数 500万票	K 党		総得票数 400万票	S 党		総得票数 300万票
内訳	ア氏	150	内訳	カ氏	100	内訳	サ氏	100
	イ氏	120		キ氏	95		シ氏	90
	ウ氏	100		ク氏	65		ス氏	80
	政党票	130		政党票	140		政党票	30

ドント方式での計算方法

　ベルギーの数学者ドントが考案したと言われるドント方式は、各国によって異なる多くの問題点を補う制度として、日本でも導入されました。政党の代表選で地方票や党員票を案分する方式としても採用されています。
　まず、各党の得票数を1、2、3の順に整数で割ります。1人当たりの得票数が多い順（割り算の答えの大きい順）に、政党に議席が配分されます。

◇左表の結果を基に計算した得票数

総得票数	A 党500万票	K 党400万票	S 党300万票
÷1	①500	②400	③300
÷2	④250	⑤200	⑦150
÷3	⑥約167	⑧約133	⑨100

　割り算の答えの大きい順に、当選者が決まります。例えば、当選者が3名の場合は①～③の候補者が、4名の場合は①～④の候補者が、5名の場合は①～⑤の候補者が、それぞれ当選になります。この例では、A党のウ氏、K党のカ氏、S党のサ氏が同じ得票数ですが、各政党の名簿の順位によって、明暗が分かれることになります。

> 衆議院、参議院とも微妙に制度が異なります。複雑で分かりにくいのも、投票率の低さの一因なのでは？

1-7 データが読める!
開票作業の途中で当落が分かるのはなぜ？

へぇ、新人の方に当確が出たんだ。
対立候補は大ベテランだったのに健闘したんだね。

この間、駅前で演説してた人だ。すごく人が集まってたよ。

あれ？ これって今日投票に行ったヤツでしょ。
集めて〜開票して〜集計して…。
結果分かるの早過ぎない？

アンナさん、いいところに気が付きましたね。まだ開票中なんですが、いろんなデータから、分かるものなんですよ。

？

「当確」はどうして早く分かるのか

　選挙当日、テレビの選挙速報では、「○○候補当選確実（当確）」と続々と報じられます。まだ開票作業が終わっていないのに、なぜそんなに早く分かるのだろう、と疑問に思ったことはありませんか。実は各報道機関が独自の調査により判断した結果であり、おおむね次のようなデータを基準にしているようです。

　選挙期間中の事前調査や期日前投票の出口調査、投票日当日の出口調査（いずれも標本調査）に加えて、天候や投票率、開票状況、自社調査の信頼度などから総合的に判断して、当確を推定し、報道しているのです。また、「安定した支持」「幅広く浸透」「優位」「先行」という評価の有力候補と、「今一歩」「伸び悩む」「苦しい戦い」という評価の対立候補の場合には、10ポイント以上の差があるものと判断して、当確を比較的早く打つ場合があるそうです（参考：選挙ドットコム）。

鍋の中のだしの濃さは全部飲まなくても、少し飲めば分かるわけですが、まさにこれこそが標本調査なのです。

満遍なく混ざっていない場合や、偏った部分だけしか調べなかった場合、誤った調査結果になるね。

　あくまで推定ですから、先走った報道で当確を出した後に、訂正し謝罪することもありますね。ごくまれにですが。

　選挙は、本来は全数調査で、全て開票されて初めて確定投票数や当落が発表されます。早い時点での「当確」は、あくまでも各報道機関の責任

において、競い合って発表しているだけなのです。選挙戦の当確は、標本調査を基に独自の判断で出している、ということです。

※時々、早とちりもあるようです。

なぜ報道各社で違う？ 政党支持率や内閣支持率

　新聞やテレビで、よく出てくる世論調査。支持政党や内閣支持率、テレビの視聴率などの調査(標本調査)がありますが、同じ時期に同じ内容について調査しても、テレビ局や新聞社によって結果が違うことがあるのはどうしてでしょう？

　世論調査の方法には、郵送方式、面談方式、電話方式、WEB方式などがありますが、費用や時間の問題などから、電話(RDD)方式やWEB方式を採用することが多いようです。ほとんどの調査結果には、調査方法とサンプル数が明記されています。

　RDDとはランダム・デジット・ダイアリングの略。コンピュータが無作為(ランダム)に選んだ電話番号(デジット)に調査員が電話をかける(ダイアリング)方式です。この方式だと電話帳に番号を載せていない人も選ばれます。また、現在では固定電話だけでなく、携帯電話の番号を含めた中から抽出されます。実際に調査員が電話すると、会社(法人)や使われていない電話番号にも多数かかることがありますが、その場合は調査対象から削除します。電話がつながると、調査の趣旨を説明し、調査に協力してもらえること、有権者の人数などを確認して調査対象者を選びます。

　こうして調査を始めるのですが、「○○新聞社」や「□□テレビ」と名乗ることなどによって、調査対象者が意識したり先入観を抱いたりして、回答に影響が出ることもあるようです。また、政治関連の調査で無党派層などに対して、無回答や無分類を避けるために、調査側が「どちらかと言えば、Aですか、Bですか」などと設問方法を工夫し、それが回答に影響を及ぼすことなども考えられます。

ヒストグラムではデータの分布の状況が一目瞭然！

　数学では量的データを表すとき、ヒストグラム(柱状グラフ)を使います。ヒストグラムにすると何が分かるのでしょうか。

　下の表は中学校のあるクラスで通学時間を調べた結果です。

通学時間（分）	度数(人)
5未満（2.5）	4
5以上10未満（7.5）	6
10以上15未満（12.5）	10
15以上20未満（17.5）	8
20以上25未満（22.5）	2

これをヒストグラムで表し、長方形の上の辺の中点を順に線分で結んでできた折れ線グラフを度数分布多角形と言います。

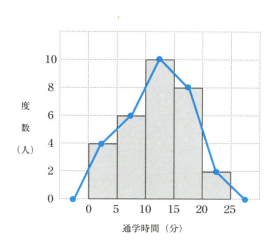

この図を見ると、通学時間（データ）の分布の状況、真ん中あたりが多いことが分かりますね。

一目瞭然

箱ひげ図の基本のきほん
異なる複数のデータの分布状況が分かる

　データをまとめたグラフで、四角いハコの両側に、ぴょろっとヒゲのようなものがついているのを見たことがありますか？　その名も「箱ひげ図」。2024年のカリキュラムでは、中学で習う内容となっていますが、「習った覚えがないよ！」という人のために、軽く触れておきましょう。

1．データの値を小さい順に並べます。
2．中央値（第2四分位数）を境に前半部分と後半部分に分けます。
3．前半部分の中央値を第1四分位数、後半部分の中央値を第3四分位数と言います。
4．第1～第3四分位数を合わせて四分位数と言います。
5．最小値と四分位数、最大値を図にまとめたものを「箱ひげ図」と言います。

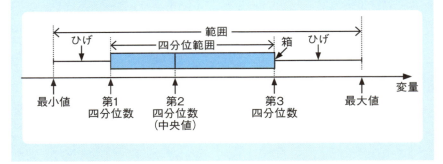

　データの分布の例を具体的に見てみましょう。SDGsなど、環境問題を含む国際的な共通課題について考える中で、目にする機会が多いのが、「電気」について。ここでは、東京電力のホームページで公表されているデータから、東京電力管内の2023年8月と12月の日ごとの電力使用率を見てみましょう。

日　程	8月使用率(%)	12月使用率(%)
1日〜5日	89, 91, 91, 94, 87	87, 85, 81, 86, 89
6日〜10日	85, 89, 91, 92, 87	83, 84, 86, 83, 79
11日〜15日	88, 89, 88, 91, 89	86, 85, 84, 87, 89
16日〜20日	88, 91, 90, 89, 87	83, 82, 86, 85, 84
21日〜25日	93, 92, 94, 92, 93	85, 90, 87, 87, 87
26日〜31日	87, 84, 91, 94, 92, 87	89, 89, 87, 89, 84, 85
最小値／最大値	84／94	79／90
第1四分位数	88	84
中央値	90	86
第3四分位数	92	87

これを箱ひげ図に表すと、次のようになります。

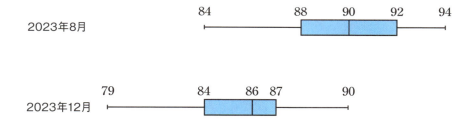

数字の羅列にしかすぎないデータが、箱ひげ図で表したら、大まかな分布状況を視覚的に読み取れるようになったよ！

これからの情報社会においては欠かすことのできない指標です。

ビールのロング缶。まわりの長さと高さ、どっちが長い？

　ビールやコーラにはロング缶（500mL）があります。戯れに飲み終えた缶を転がしていたとき、面白いことに気が付きました。まわりの長さと高さ（タテの長さ）、どっちが長いのだろうか…？と。パッと見は、誰が見ても高さですよね。でも、本当にそうなのかな？ 手元にロング缶とメジャーがある人は実際に測ってみてください。

　普通の手の大きさの大人では、まわりをしっかり握っても親指と中指や薬指は届きません。しかし、高さ（タテ）は親指と中指で持てるのです。皆さんも試してみてください。高さはまわりより短いことが分かります。ビックリ！

　メジャーや定規があれば高さは17.5cm、直径は6.5cmだと分かります。直径が分かれば、まわりの長さが計算できますね。

　　（まわりの長さ）$ℓ$ ＝（直径）×（円周率$π$）
　　　　　　　　　　＝ $2πr$（rは半径）

小学校では、$π$ではなく、3.14を使うので、ここでは3.14と置き換えてみましょう。

　　（まわりの長さ）＝（直径）×（円周率3.14）
　　　　　　　　　　＝ 6.5 × 3.14 ＝ 20.41

　（まわりの長さ20.41cm）＞（高さ17.5cm）
まわりの方が長いという計算結果です。

※「ビールもコーラも飲まないよ」という方は、スーパーなどで試してみてください。ただし、変なお客だと思われても責任は取れませんが…（笑）。

2

人として成長できちゃう数学の底力

真夏の夜空を彩る花火！

 ちょっと、早く！ 花火大会、始まっちゃうよ。

 そんなに慌てなくても大丈夫だよ。今日はおじさんちのマンションの屋上からだから、のんびり見られるぞ。

 うわ！ 始まった。あれ？ 音がズレて聞こえる？ 私の耳がおかしい？？

 もう、姉ちゃん何言ってんの。会場から離れてるから、音が遅れて聞こえるの当たり前じゃん。

 さすがタツヤくん。光と音の速さの違いを知ってますね。

 なになに、教えて〜。あ、また上がった！ 超きれい！ あ、聞こえた！

打ち上げ花火は花火師たちの腕の見せどころ

　日本の夏の風物詩、夜空を彩る打ち上げ花火。「毎年楽しみにしている」という人も多いことでしょう。各地の花火大会は、主立ったものだけでも毎年1,000を超える箇所で開催されているそうです。大きなものでは数千人から数万人もの観客が詰めかける一大イベントといえるでしょう。

　大量の花火を連続して打ち上げる欧米方式は華やかですが、花火師たちが一発一発のでき栄えを極限まで追求してきた花火を、じっくり鑑賞する日本式も趣深くていいですね。打ち上げ前の花火玉は真ん丸い球体で、その中には光や色を発する「星」と、花火玉を割って星を遠くに飛び散らせる割火薬が何層にも重なって入っています。打ち上げる際には「ヒュー」という笛のような音が開花の瞬間を告げます。

　花火玉が上昇して下降を始めるまでの一瞬静止した状態のときが花火玉を開かせるポイントです。この瞬間というのは、（関数の）放物線を描いて上昇した花火玉が、まさに頂点に達したときなのです。

　花火玉が上空で開く瞬間を「開発」と言いますが、まさに頂点に達したとき、ゆがみのない真ん丸に大きく開発するものこそが、花火師の理想とするものです。花火師が細心の注意を払って作業をしても、理想どおりの花火は、年に数えるほどしかないと言います。低い箇所で開発してしまう低空開発や、火が付かずに地上に落ちてくる黒玉などが毎年いくつもあるそうです。

知っトク！

花火の「星」
打ち上げ花火に入っている「星」は、火薬に金属を混ぜ、主に球形に固めたもの。花火のデザインや大きさなどによって、形や大きさ、数も異なります。花火の色は、星に含まれる金属の炎色反応によるもので、リチウム（深い赤）、ナトリウム（黄）、カリウム（紫）、銅（青緑）、カルシウム（オレンジ）などがあります。

花火の光と音から会場までの距離が分かる

　花火大会は、ぜひ会場で見たいものですが、有料の場合もあり、会場や席によっては、一人1万円を超えるものまであるそうです。庶民感覚からは、懸け離れてきましたね。花火は上空高く打ち上げられるので、離れたところからでも花火の開発を見ることはできますが、その場合は、開発と爆音にタイムラグ（時間的なズレ）が生じます。

　私の友人は、マンションの高層階から撮影した映像などがあれば、開発と音のズレから会場までの距離を正確に計算できると言っていましたが、どのようにして計算するのでしょうか。考えてみましょう。

○**光**は秒速30万km。光の到達時間は限りなくゼロに近いとしましょう。

○**音速**（v）は大気中では、　$v = 331.5 + 0.6t$　（m/s、tは気温）

　$v \Rightarrow y$、$t \Rightarrow x$と置き換え、$y = 331.5 + 0.6x$と一次関数になります。

　夏の熱帯夜では、夜でも気温が下がらない日が続くので、気温を30℃と仮定します。

　$y = 331.5 + 0.6 \times 30 = 331.5 + 18.0 = 349.5 \fallingdotseq 350$

この計算結果から、音の速さはおよそ秒速350mと考えていいでしょう。花火が見えてから10秒後に爆音が聞こえた場合は、$350 \times 10 = 3,500$m。およそ3.5km離れていると分かりますね。

　稲光と落雷（雷音）も同じ関係なので、稲光が見えた後、すぐに音が聞こえたら、ごく近いところに雷が落ちたということです。ちなみに雷のエネルギー量は、ワット数に換算すると、1回の落雷で家庭用電力量の2か月分という、すさまじく大きなエネルギーです。

音速の単位はマッハ

　大気中の音速は気温30℃で秒速約350mと言いましたね。音速で飛行する航空機の速度は、「マッハ1」と言います。秒速350mを分速、時速に換算すると、　$350 \times 60 = 21,000$（m）　➡　分速21km

　　　　　　　　　　　　　　　$21 \times 60 = 1,260$（km）　➡　時速1,260km

大阪(関西)⇔沖縄(那覇)の飛行距離が約1,200km、この間を1時間で進む速さと考えられます。実際の旅客機の飛行時間は2時間あまりなので、音は2倍前後の速さですね。

　実験機ながら世界最速と言われていた、米軍の「X15高高度超音速実験機」(退役)は、ジェットエンジンではなく、ロケットエンジンを備えて、時速7,274km（マッハ6.7)を記録しました。極めて気温の低い高高度を飛行するため、マッハ1が時速換算で約1,080km、秒速なら約300m。マッハ6.7なら大阪⇔沖縄を10分弱で飛べますね（あくまでも単純計算）。※高度10kmで気温−50℃、80kmで−80℃と言われています。

音速の単位はマッハ

　ジェット機は、飛行距離や天候にもよりますが、国内線の場合おおむね高度7,000mから10,000m、国際線は10,000mから12,000m前後の上空を飛んでいます。高度が違うのは混雑回避によるものが多く、国際線は高い所の方が、気圧が低いので空気抵抗が少なく、燃費効率もいいという事情もあります。

　さて、ここで問題です。仮に高度10,000m（10km）で飛んでいる飛行機の場合、直径25cmの地球儀で考えてみると、およそどれくらいの所を飛んでいるでしょうか？

　観測地点により多少の凸凹はありますが、地球の周囲は約40,000km、直径は約12,700kmです。

	地球	地球儀	参考
直径	約12,700km	25cm	40,000÷3.14
縮尺	約50,000,000倍	1とすると	約5,000万分の1
高度	10,000m＝1,000万mm	約0.2mm	➡シャー芯未満

　約0.2mmつまり、シャーペンの芯の太さより低い、ほこり程度の高さとは！

> コラム

トンネル（鉄橋）問題
ポイントは3パターン

　「ウチの子は読解力がないので、文章題が苦手で…」と言う母親の言葉を、これまでイヤというほど聞いてきました。しかし、中学数学では文章題といってもわずか2～3行の文章を解くだけです。高度な読解力が要求されるわけではありません。問題文を簡単な図にして考えることさえできれば、すぐに方程式ができます。決して難解なものではないのです。
　例えば、**トンネル（鉄橋）の問題では、列車の先頭と最後尾に着目**します。

トンネルの場合

「入り始めて」　➡　先頭がトンネルに入ること
「通り抜ける」　➡　最後尾がトンネルから出終わること

鉄橋の場合

「渡り始めて」　➡　先頭が鉄橋部分に入ること
「渡り終わる」　➡　最後尾が鉄橋部分から出終わること

　トンネルや鉄橋の長さを x（m）、列車の長さを y（m）、列車の速さを秒速に変換して z（m/秒）、要した時間を秒数に変換して、t（秒）とします。列車の長さは3つのパターンのどれかに当てはめて考えます。

走った距離に着目！

パターン1	入り始めてから出終わるまで
	➡列車の長さを加える $(x+y)=tz$

パターン2	入り始めてから出始めるまで
	➡列車の長さは無視する $x=tz$

パターン3	入り終わってから出始めるまで
	➡列車の長さを差し引く $(x-y)=tz$

※また、A列車とB列車が擦れ違う場合には、次のとおりです。

$$（擦れ違う時間）＝\frac{（A列車の長さ）＋（B列車の長さ）}{（A列車の速さ）＋（B列車の速さ）}$$

【例題】

　ある列車が、900mの鉄橋を渡り始めてから渡り終わるまでに50秒かかった。また、この列車が1,500mのトンネルに入り始めてから出終わるまでに、80秒かかった。この列車の長さと時速を求めよ。

前半◀▶後半

【解説】　※上記のパターン1を使います。

前半：（900mの鉄橋）＋（列車の長さ）＝（列車の秒速）×50

後半：（1,500mのトンネル）＋（列車の長さ）＝（列車の秒速）×80

　列車の長さをxm、列車の秒速をym/秒とすると、

前半：$900 + x = 50y$ …①　後半：$1,500 + x = 80y$ …②

$$②－①\qquad 1,500 + x = 80y$$
$$-）\quad\ \ \ 900 + x = 50y$$
$$\overline{\qquad 600\qquad\ \ = 30y}\qquad y = 20$$

　$y = 20$ を①に代入して　$x = 100$　が求められます。

問題を再確認すると、聞かれている単位は列車の時速なので、

$$20 × 60 × 60 = 72,000（m/時）➡ 72（km/時）より$$

答え　列車の長さ100m、時速72km

ヒヤリ！ 車は急に止まれない！

2-2 データが読める！

 うわっ！ お父さん、びっくりさせないでよ。

 ブレーキが遅いって。また、よそ見でもしてたんだろ。いい天気になったなあ、とか。

 ………。

 まさか図星か！ アンナ、頼むからちゃんとして。危ないからっ！

 大丈夫だって。ちゃんと間に合ったじゃん。

 アンナさん、油断は禁物ですよ。ブレーキを踏んでもすぐ止まれるわけじゃないんですから！ 頼むからちゃんとして！

運転できると便利だし楽しいし。でも安全にね！

　高齢社会が進むにつれて、高齢ドライバーによる自動車事故も増加傾向にあります。ブレーキとアクセルの踏み間違いや、高速道路への逆進入など、考えられないような事故も起きています。免許取りたてで運転技術が未熟な者の事故とともに大きな社会問題になっています。

　多くの死傷者が出る悲惨な事故があったことも手伝ってか、改正道路交通法で、75歳以上のドライバーが自動車免許を更新する際には、認知機能検査が必須となりました。60代に比べると80代前半で約2倍、80代後半で約3倍と、急激に死亡事故の比率が高まっているのも一因となっているようです。

　先進技術の急速な発達により、安全運転を支援する機能を備えた安全運転サポートカー（通称：サポカー）の性能も向上しています。中でも衝突被害軽減装置や、ペダル踏み間違い急発進抑制装置を搭載した自動車は、「サポカーS」と呼ばれ、高齢ドライバーに推奨されています。

　さらに65歳以上を対象としたサポカー補助金制度もあります。サポカーを新規購入する際や、事故防止装置を追加で導入する際に基準を満たしている場合、経済産業省の「サポカー補助金」制度を利用することができるのです。併せて自動運転車の導入も検討してみてはどうでしょうか。家族に該当者がいる場合などには、確認されることをお勧めします。

サポカーかぁ。
そろそろおふくろの車の買い替え、
考えた方がいいかな。

空走距離って何？

　ドライバーが危険を感じてから、ブレーキを踏むまで少し時間がかかってしまう場合があります。これを「空走距離」と言います。居眠り運転や脇見運転のほか、会話に夢中になっている場合などが考えられますが、その間も自動車は走り続けます。個人差も大きいですが、空走距離は速度に比例します（関数）。危険に気付きブレーキを踏むまでを1.0秒として試算してみましょう。

時速20km（秒速約6m）　⇨　空走距離 約6m
時速40km（秒速約11m）　⇨　空走距離 約11m
時速60km（秒速約17m）　⇨　空走距離 約17m

　ブレーキを踏むまでに、こんなに進むのですね。万一、危険を感じながらブレーキとアクセルを踏み間違ったりすると、空走どころか、加速してしまいます。本当に恐ろしいですね。

停止距離＝空走距離＋制動距離！

　ブレーキを踏んでから止まるまでの距離を制動距離といいます。高齢ドライバーは特に気を付けなければいけませんが、若い人は大丈夫というわけでもありません。制動距離（y m）は、危険を察知したときに出ていた速度（x km）の2乗に比例するのです。

$$y = ax^2$$

（停止距離）は、（空走距離）と（制動距離）の（合計距離）

　天候や道路の状況、タイヤの空気圧、減り具合、空気が乾燥しているなど、条件のいい場合の制動距離、停止距離は次のとおりです。

	（空走距離）	（制動距離）	（停止距離）
時速20km ⇨	約6m ＋	約3m ＝	約9m
時速40km ⇨	約11m ＋	約11m ＝	約22m
時速60km ⇨	約17m ＋	約27m ＝	約44m

参考：チューリッヒ保険会社HP

※条件が悪い場合には、制動距離は、もっと悪く（長く）なります。

先進安全自動車（ASV）って？

　国土交通省が推進する先進安全自動車（Advanced Safety Vehicle）は、ドライバーの安全運転を支援するシステムを搭載した車の総称です。どんなものがあるのか、一部を紹介してみましょう。ただし、道路や天候、車両状態等によっては十分に性能を発揮できない場合もあります。

○衝突被害軽減ブレーキ（AEBS）

　2021年11月以降、段階的に衝突被害軽減ブレーキの装着が義務化され、輸入車は2026年7月以降、軽トラックは2027年9月、既に出回っている車の整備などを考えると完全に普及するには、多少時間がかかりそうです。自動車各社の技術革新努力は目覚ましく、某社の追突事故発生率はおよそ0.06％となっているとのことです。

○急発進抑制制御装置

　アクセルとブレーキの踏み間違い等に対応。

○定速走行・車間距離制御装置（ACC）・車線逸脱警報装置

　高速道路や自動車専用道路での使用を前提に開発されたもので、速度を一定に保ち、車間距離を一定に保ってくれ、車線からはみ出さない操舵支援を行ってくれる装置です。

いずれにしても完全に事故がゼロになると保証されているわけではありません。各自で安全運転を心掛けましょうね！

自動運転車とゾーン30プラス

　自動運転車ですが、基本的に運転操作をするのはシステムで、現在6つのレベルに分類されています。これからまだまだ法整備が必要な部分がありますが、技術開発は急速に進んでいます。

> レベル0　運転自動化なし
> レベル1　運転者支援【運転支援ADAS】
> レベル2　部分的自動運転【運転支援ADAS】
> レベル3　条件付き自動運転【自動運転（AD）】
> レベル4　特定条件下の完全自動運転【自動運転（AD）】
> レベル5　完全自動運転【自動運転（AD）】

　ハイレベルな自動運転車とともに、次世代燃料車の開発が早期に達成されれば、事故数の大幅な減少が見込まれます。ソフト面では、「ゾーン30プラス」等による路側帯設置や中央線の抹消、多くの生活道路の制限速度を30㎞への抑制、2025年から乳幼児のチャイルドシートの着用義務基準（身長150㎝未満に）の見直し、さらに見やすい信号や歩道の拡幅整備などが望まれています。

知っトク！
AD…自動運転
ADAS（エーダス）…先進運転支援システム

　高速道路での逆走が相次いでいることを受け、国交省は監視カメラで逆走車を素早く検知し、ドライバー本人や周辺走行車にカーナビで警告を与えるシステムの導入を決めたとのこと。

大切！

> ドライバーからアルコールが検知されたら、エンジンが作動しないシステムとかも開発されればいいなあ。

大手ほどもうかる護送船団方式

戦争時に食料などを満載した速度の遅い輸送船が、速度が速く、戦闘能力のある艦隊に守られて同じ速度で航行する状況をイメージしてください。その場合、航行速度は一番遅い輸送船に合わせざるを得ません。これ

を護送船団と呼ぶことから、業界内で一番経営効率が悪い会社が経営破綻しないよう、各社足並みをそろえ、収益や競争力を確保することを護送船団方式といいます。第二次世界大戦後の保護政策により、いくつかの業界で見られました。

※その後はほとんどの業界で自由競争になっています。

あくまでも机上計算ですが、典型的な例を挙げてみましょう。

	大規模A社	中規模B社	小規模C社
①導入前の売上規模	C社の5倍	C社の2倍	1倍
②各社別の損益分岐点	3	4	5
③保護政策統一価格	7	7	7
④利幅（③－②）	7－3＝4	7－4＝3	7－5＝2
⑤粗利益（①×④）	20	6	2
⑥導入後の利益額倍率	C社の10倍	C社の3倍	1倍

本来は顧客保護のために採用された護送船団方式ですが、この例では、大規模A社と小規模C社の利益額倍率の差は、さらに拡大することになりました。A社としては、願ってもない結果となったわけです。

2-3 データが読める！
計算機(コンピューター)は大砲から生み出された！

ねえ、ニュースで言ってる迎撃ミサイルって飛んでくるミサイルを攻撃するの？

そうだよ。日本に到達する前に破壊しないといけないからね。

でもさ、あっちもすごい速さで飛んでくるわけでしょ。そんなにうまく当たるかなあ。

だから、向こうの性能とか、天候とかあらゆる情報を分析して軌道計算とかするんだよ。

コンピューターがなかったら絶対無理だね。

現在のような機械の計算機(コンピューター)の前はヒトが計算してたんですよ。オドロキですよね！

コンピューターの開発目的は砲撃の命中率 UP ?

　物心ついたときには、家にパソコンやタブレット等があった、という人も多いことでしょう。今や学校教育でもPCが取り入れられる時代です。果たして、そのパソコンはどのように進化してきたのでしょうか。単に足し算や引き算を行う簡単な計算機は15〜16世紀からありましたが、現在のようなコンピューターとは、およそ懸け離れたものでした。

　「戦争が科学を進歩させる」と言いますが、狙った場所に確実に弾丸を当てるには、できるだけ正確な弾道計算が必要です。各国でさまざまな研究が行われました。

　日本では、戦国時代末期の大坂冬の陣で徳川家康軍が放った大筒(大砲)の弾丸が、大坂城天守に命中して、豊臣方に物心共に大きなダメージを与えたという話が有名ですね。ただし当時は精度が低く、暴発で味方を負傷させることもあったほどですから、狙ったところに命中したというより、偶然「当たった」ということだったようです。

　目標に正確に当てるには、天候や風力、風向、気温、湿度、気圧、さらには大砲の型、弾丸の形状、射出角度、火薬量など多くの要件があります。研究には、莫大な情報量の記録、蓄積、分析が重要。そこで必要とされたのが、微分や積分を含む高度な計算を行う若手研究者。米国では複雑な計算をする人のことを「コンピューター」と呼んでいました。

　しかし、そんな研究者も戦争に駆り出されるようになり、米軍では計算の効率化を図る目的もあり、高度な計算をする機械の開発に力を入れました。そうして最先端の技術を結集して登場した計算機は、真空管を2万本近く使用し、165m²もの広さを必要とした巨大なものでした。しかし、それまで24時間かかっていた計算をわずか30秒でこなすほど、高性能だったのです。

> 面積で大きいのは分かるけど、
> 2万本の真空管って？
> 想像もつかないや。

コンピューターの変遷

1960～1970年前後、日本ではさまざまな企業で、大きなタンスほどの機械を何十台も設置した事務センターを新設し、顧客情報や顧客管理、給与計算、決算事務などの演算処理をしていました。さらに大規模災害に備えるため、多くの会社が首都圏以外の地域にバックアップ拠点を設けて複数拠点にてリスクの分散を図っていました。

さらに時は流れて、コンピューターの心臓部である集積回路(IC)が目まぐるしい進化を遂げ、モニターがブラウン管テレビ並みに小さくなって、個人でもコンピューターが持てるようになりました。パーソナルコンピューターの誕生です。そして、パソコン(PC)という名称が一般的になり、液晶画面の開発でさらに小型化、持ち運び可能なノートPCが出回り始めました。

半世紀前にはタンスほどの大きさだった機械の性能を、小さなノートPCが軽く凌駕するほどまでに技術は進化したのです。PCの特筆すべき機能としては、演算能力、処理速度はもちろん、記憶機能が非常に大きいと私は思います。その後インターネット(ネット)の時代が訪れ、ネット閲覧機能が携帯電話に搭載され、スマートフォンに切り替わっていき、世の中はさらに様変わりしました。

流通業界では小売店がスーパーに、スーパーがコンビニに、さらにネットスーパーや通販サイトが主流になるなどの変化も見られます。ネットを通して個人レベルで行われる中古品の売り買い、書籍や漫画のデジタル化など、社会や生活の仕組み、価値感も変化しています。

現代人の一日は、平安時代の人の一生分！

「将棋ソフトは人間に勝てるのか!?」当初は興味半分だった問いに、今や誰も反論しなくなり、プロ棋士が将棋ソフトを活用している時代で

す。さらにIT化が進み、人工知能(AI)は車の自動運転やドローンに活用されるようになり、人間に代わって文章やイラスト、デザインなどを作成する生成AIまで出現しました。将来的には、様々な職業でAIに仕事を奪われるのではないかと、危惧されています。

現代人の一日は、平安時代の人の一生分に相当するほど、目まぐるしく進歩している、そのスピードをソフトバンクグループの孫正義代表は、進化速度は4年で1,000倍、8年で1,000×1,000＝100万倍、12年でさらに1,000倍の10億倍と例えていました。これまでのような変化が、今後どのくらい続くのかは疑問ですが、さまざまな可能性、将来性は無限大だと思われます。

その後スーパーコンピューター（スパコン）が登場、さらにスパコンの9000兆倍の速度の量子コンピューターが開発されています。他社の後塵を拝していた企業も、先発社に追い付き追い抜く可能性を秘めています。国境なきボーダーレスの時代。日本国内にとどまらず全世界が競争相手となります。失敗を恐れずユニークな視点で前進を続ける姿勢こそが大切です。

しかし、残念なことに、便利な道具が生まれれば、それを悪用する人間も後を絶ちません。たたかれてもたたかれても、もぐらたたきのように次から次へと現れ、巧妙なサギ商法を考え出して、善良な人々を陥れようと虎視眈々です。

サギなどに簡単には引っ掛からない論理力、思考力、判断力、胆力を、「数学の底力」で鍛え、不透明な現代を乗り切っていきましょう！

大切なのは記憶機能

突然ですが問題です。1÷3×3＝（ ）？ さて、いくつになるでしょうか？ そう、答えは、1なのですが……もし手元に電卓があったら、計算してみてください。実は、安価な電卓では、0.99999……となり、1にはなりません。記憶機能がないので、1÷3＝0.33333……として、以下を切り捨ててしまったからです。

※関数電卓などやスマホでは、記憶機能があるので「1」になるはずです。

中学で循環小数を習いますが、循環小数0.99999……を分数で表すとどうなるでしょうか（中3で習います）。

0.99999……＝x　として、左右入れ替えます。
x＝0.99999……　・・・①　これを10倍すると、
10x＝9.99999……　・・・②
②－①　　10x＝9.99999……
－）　　x＝0.99999……
　　　　　9x＝9
　　　　　　x＝1

0.99999……＝1
の説明がついちゃった！

数学豆知識

【電卓マジック】大きな数字は重〜い!?

皆さん、大きな数字は重いのはご存じですか？ マジシャン西口です。それは電卓の表示でも同じなんですよ。

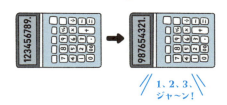

1、2、3、ジャ〜ン！

【たねあかし】あらかじめ電卓に打ち込んでおきます。
987654321－123456789＋123456789
　　　　　　　　　　　　↑
　　　　　　　　　　　ここをまず見せておき、
掛け声と共にピュッと振りながら、「＋（または＝）」を押せば…OK！

数学小噺

分数の割り算はなぜひっくり返して掛けるのか？（小学校の復習）

「分数の割り算は分母と分子をひっくり返して掛けなさい」と習いました。ではなぜそうするのでしょうか？ その理由を考えてみましょう。

最初は整数同士の簡単な割り算で考えます。

$$6 \div 3 = 2$$

これは、「6の中に3はいくつありますか」という意味です。ここで6を割られる数、3を割る数、2を商（割り算の答え）と言い、分数で書くと $\frac{6}{3}$ になります。

なぜ6が分子で、3が分母なのか説明します。

「割られる数」➡「善人」➡「天国」

「割る数」➡「悪数」➡「悪者」➡「地獄」より、

「割られる数」÷「割る数」➡ $\frac{善人}{悪者} = \frac{天国}{地獄}$

と、行き先が分かれます。

例：$\frac{3}{2} \div \frac{3}{4}$ （$\frac{3}{2}$ の中に $\frac{3}{4}$ はいくつあるでしょうかという意味です）

$$\frac{3}{2} \div \frac{3}{4} = \frac{\frac{3}{2}}{\frac{3}{4}} \longrightarrow \frac{\frac{3}{2} \times \frac{4}{3}}{\frac{3}{4} \times \frac{4}{3}} = \frac{\frac{3}{2} \times \frac{4}{3}}{1}$$

分母と分子に $\frac{4}{3}$ を掛けて1にする（簡単にする）

1は書かなくていいので

$$\frac{3}{2} \times \frac{4}{3}$$

$(\div \frac{3}{4})$ ➡ $(\times \frac{4}{3})$　となるのです。

食塩水はシーソーゲーム?

　食塩水の濃度に関連する問題は、濃度の異なる食塩水を混ぜて、濃度を調整していくシーソーゲームのようです。お料理で少しずつ塩を加えながら味を調整していくのに似ていますね。

> **知っトク!**
> **いい塩梅(あんばい)**…かつては塩と梅酢で調味していたことから、味のバランスを「塩梅」と言います。一般的に、味だけでなく物事のバランスがいいことも「いい塩梅だね」などと表現します。

問題を解く2つのポイント

① 食塩水全体の量と、含まれる食塩の量に着目

　《食塩水全体の量》
　○食塩水同士を混ぜるとき、混ぜ合わせた全体の量で考える。
　○食塩水に水を混ぜ合わせるとき、「水は0％の食塩水」と考えて水の量も加える。
　○食塩そのものを加えるとき、「食塩は100％の食塩水」と考えて食塩の量も加える。

　《含まれる食塩の量》
　（食塩水全体の量）×（濃度）=（含まれる食塩の量）

② 濃度を分数で計算する場合、分母は約分せず100のままで押し通し、途中では約分しないこと。答えるときは約分できるまで約分します。

※小数が得意な人は小数で計算しましょう(少数派?)。

【例題】

　３％の食塩水と９％の食塩水を混ぜ合わせて６％の食塩水500gを作りたい。それぞれ何gずつ混ぜればいいか。

【解説】　※文章題の多くは次表（サザンクロス）を使うと解きやすいです。

３％の食塩水を x g、９％の食塩水を y g混ぜるとすると、

	3%	9%	6%
食塩水全体の量(g)	x	y	500
濃度(小数で説明)	0.03	0.09	0.06
含まれる食塩の量(g)	$0.03x$	$0.09y$	30

この表から　　　$x + y = 500$ …①
　　　　　　$0.03x + 0.09y = 30$ …②　と式ができます。
この連立方程式を解けば答えが出ます。

　②×100 − ①×3　　$3x + 9y = 3{,}000$
　　　　　　　　−)　$3x + 3y = 1{,}500$
　　　　　　　　　　　$6y = 1{,}500$　　$y = 250$

$y = 250$ を①に代入して　$x = 250$　が求められます。

　　　　　答え　３％の食塩水250g、９％の食塩水250g

タテ3本、ヨコ3本の線が交わる（三三交）ので、「サザンクロス」と名付けました。使えば簡単に解けますが、使わないと、さんざん苦労することになります（笑）。

ちょっと一言

数学は1に正確さ、2にスピードです。まわりの線は、時間がもったいないので、書く必要はありません。

多くない？「観測史上〇〇の異常気象」

もう、たいへ〜ん！
折り畳み傘持ってたけど、全然役に立たん！

ボクの言うとおり、傘持ってって良かったでしょ…って、
ひどい雨に当たっちゃったね。

いきなりだもん。もう勘弁してほしいよ。

何か、「記録的な」とか多いよね。
台風とか雪とか、猛暑とか。

気象庁も観測とかデータ分析とか、最新の技術を駆使して予報と
か出しているんですけどね…。

ハックション！

いつからか日常に？ 観測史上○○の異常気象

　少し前には特別な現象としてニュースなどで報じられた、「ゲリラ豪雨」、「線状降水帯」、「記録的短時間豪雨」などなど。いつの間にか、「また？」というくらい、一般的な言葉になってきたような気がします。気象用語とはいえ、聞き慣れない言葉もやたらと増えました。異常気象とは一般的に従来経験した現象から大きく外れた現象で、30年に1回以下で発生する現象をいいます。「観測史上○○の～」の多くは地球温暖化に端を発していると想定され、グテーレス国連事務総長は、「（温暖化どころではない）沸騰化」とまで言っていました。今後も聞いたことがないような言葉が使われるかもしれません。天気予報などを十分注視しましょう。

　天気予報はどの季節でも気になり、外出時には、傘を持って出るかどうか悩みます。ネットの普及により、雨雲レーダーなど降雨予測が手軽に確認できるようになりましたが、その土台となっているのは、気象庁の並々ならぬ努力と実績です。1875年、現在の国土交通省外局の東京気象台として発足し、以来150年間、気象や地震、火山といった自然現象の観測、天気予報や気象警報等の発表に携わってきました。

　主な業務は、①気象データの収集、②莫大な量のデータ分析、③情報の提供です。最新の科学技術を駆使し365日24時間体制で国民を災害から守る重要な役割を担っています。ホームページで天気予報（2週間天気）の信頼度を、A（確度が高い予報、降水平均的中率86％）、B（確度がやや高い予報、同72％）、C（確度がやや低い予報、同56％）と評定している点は非常に興味深いですね。

民間気象会社は何と100社以上！

　「民間気象会社」という言葉もいつの間にかポピュラーになったなあと感じています。民間気象会社は気象庁の許可を受けて、気象や地震、津波、波浪、高潮、洪水等の予報業務を行い、一般社団法人気象業務支援

センターからの観測データや予報資料の提供に独自の分析を加えて利用者に気象サービスを行う事業者のことで日本に100社超もあります。

　一見、気象庁のライバルのような存在にも思えますが、気象庁としては幅広く情報が拡散できるというメリットがあると考えているそうです。携帯電話やスマートフォンのサービスとしても普及し、屋外にいる人々の安全確保、農林水産業などの操業予測、商店や工場での在庫管理や製造量調整、また、交通機関（航空機、新幹線や鉄道など）の運行制御などにまで幅広く活用されています。

世界最大の気象会社も日本にあるんですよ。

本降りになって出ていく雨宿り

　気象庁では全国約1300か所に配置されたアメダス（地域気象観測システム）で、降水量、気温、湿度、風向、風速などのデータを、日々の身近な気象情報としてHPで発表しています。

　「本降りになって出ていく雨宿り」。これは、ごく短時間、軒下で雨をしのごうと思ったが、なかなか雨がやまず、むしろ強くなるばかりで、結局本降りになってから出ていく羽目になるというバツの悪さを皮肉った川柳です。

突然ですが問題です

「1時間に1mm程度の雨」とは、どれくらいの量でしょうか。
A、Bから選びなさい。
　A　傘を差さなくても平気な程度の雨
　B　傘を差さないと外に出られないくらいの雨

【正解は…】
　B　傘を差さないと外に出られないくらいの雨

降水量を表すのに、「1時間に10㎜程度」などという言い方をします。これは、雨水が他へ流れない場合、1時間でたまる高さ（深さ）の雨量を指しています。

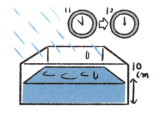

◆ どんな雨？ 1時間当たりの降水量などとの関係

降水量(mm)	予報用語・イメージ
3未満	弱い雨 ※小雨（1mm未満）を含む
10以上～20未満	やや強い雨 ザーザーと降る
20以上～30未満	強い雨 どしゃ降り
30以上～50未満	激しい雨 バケツをひっくり返したよう
50以上～80未満	非常に激しい雨 滝のよう
80以上	猛烈な雨 息苦しくなるような圧迫感

○**線状降水帯**…線状（長さ50～300km、幅20～50km程度）の強い降水を伴う雨域。積乱雲群（列を成した発達した雨雲）が、ほぼ同じ場所を数時間にわたって通過、または停滞することで作り出される。
○**集中豪雨**…同じような場所で数時間にわたって強く降り、100～数百mmの雨量をもたらす雨。
○**局地的大雨**…数十分の短時間に、狭い範囲に数十mm程度の雨量をもたらす雨。
○**霧雨**…微小（0.5mm未満）な雨粒の弱い雨。
○**本降り**…弱い雨や断続的に降る雨から、降り方が強まるか、連続的になること。

「降水確率○％」の意味

　天気予報でよく出てくる「降水確率○％」の意味を知っていますか？これは降水確率50％の予報が100回出たとき、50回程度は雨が降るという意味の予報です。天気予報は3時間キザミで出されますが、その3時間のうちに、ほんの一粒ポツリと来ただけでも「雨が降った」と判断されます。3時間のうち何時間降るとか、雨の量や強さが一切関係ないというのは、少し不思議な感じがしませんか？
　10％の降水確率と90％の降水確率では、90％の方が雨の量が9倍多く降ると考えがちですが、10％でドカッと降ることもあれば、90％でも、ほんの一粒のこともあり得るのです。

昔読んだ本の中にこんな話がありました。気象庁のベテラン予報官が「明日は晴れ」と予測したのに、翌日雨が降ったことがあったそうです。そのとき、その予報官は「この気象図からはどう考えても雨など降るわけがない。現実の天気が間違っている」と言ったそうです。ウソみたいな話ですね（笑）。

> **知っトク！**
> **気象の確率**
> 初冬や春先の天気予報で、「雨または雪の確率」あるいは「雪または雨の確率」という場合、雨が先であれば、雪よりも雨の確率が高く、雪が先であれば、雪の確率が高いということ。

どう伝える？ 台風の規模

　日本近海の海水温の上昇（もう異常！）で、やって来る招かれざる客。当初は小さかった熱帯低気圧が、みるみる勢力を増して台風となり、日本を襲ってきます。ところで、台風と熱帯低気圧の違いとは何でしょう？ それは最大風速です。台風も熱帯低気圧の一部ですが、最大風速が17.2m/s以上のものを台風と呼んでいます。
台風は反時計回りに風が吹き上がる（上昇気流）ので、気象図の右側が要注意です。とはいっても左側が安全というわけではありません。上陸後、温帯性低気圧に変化しても、渦巻きがなくなり多くは前線を伴う構造になって若干勢力が落ちるだけなので、雨の量には引き続き注意が必要です。

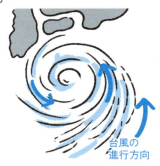

◆台風の強さ ※通常期と異なる表現

強さ	最大風速(m/s)
強い	33以上～44未満
非常に強い	44以上～54未満
猛烈な	54以上～

◆台風の大きさ

大きさ	強風域(風速15m/秒以上)の半径(km)
大型 または 大きい	500以上～800未満
超大型 または 非常に大きい	800以上 ※本州がスッポリ覆われるような大きさ

国土交通省では、瓦屋根の耐風診断や耐風改修工事に補助の制度があります。早めに確認しておきましょう。

　また、市町村などの洪水や内水(ないすい)のハザードマップは全員に見える所に貼っておき、自宅や事務所が家屋倒壊の恐れのある場所かどうか、避難場所・方法(水平・垂直)などは事前にしっかり確認しておきましょう。警戒レベル2から避難の準備を始めても、早過ぎることはありません。

> **知っトク!**
> **洪水**…河川の水があふれること。
> **内水**…水路や下水道の水があふれること。
> **水平避難**…災害の発生場所から遠くへ避難すること。
> **垂直避難**…建物の上の階や下の階へ避難すること。

◆避難情報のポイント

警戒レベル	避難情報等	河川水位・雨の情報
5	災害発生または切迫 命の危険、直ちに安全確保	氾濫発生情報 大雨特別警報
4	災害の恐れ高い 危険な場所から全員避難	氾濫危険情報 土砂災害警戒情報
3	災害の恐れあり 危険な場所から高齢者等は避難	氾濫警戒情報 洪水警報　大雨警報
2	気象状況悪化 自らの避難行動を確認	氾濫注意情報
1	今後気象状況悪化の恐れあり 災害への心構えを高める	―

「一番怖い風速は1m」って言ってたけど、どうして？

1mは、「一命(いちめー)とる」。

2-5 データが読める！
災害大国ニッポン 備えあれば憂いなし

えっ？ 何々？

地震の警報だよ！ 大きいのが来るのかなあ。

え〜っ！ やだ、おかあさ〜ん。

アンナさん、落ち着いてください。
身をかばう準備をして、情報を待ちましょう。

…そういえば、地震警報ってどうやって判断してるのかな？
スマホもほぼ同時だったよね。

実は、基準があって…。アンナさん、落ち着いてって！

災害大国ニッポン、備えあれば憂いなし

　台風も怖いですが、私がそれ以上に恐ろしいのが、地震と津波です。南海トラフ地震や首都直下型地震など、各地で予想されています。台風はある程度予測がつくので、準備する時間もありますが、地震と津波は突然やって来るので日頃から準備を万全にしておくしかありません。

　地震規模の大きさはマグニチュード（記号M）で表され、マグニチュードが大きいほど規模の大きな地震です。Mが1増えると約32倍、2増えると約1000倍の大きさです。

　震度は震源地からどれくらい離れているかで変わりますが、一般的に近いところほど大きく、遠いところほど小さくなります。気象庁では全国で観測された震度を自動集計し、発生後数秒で「緊急地震速報」を発表します。

◆震度と揺れや被害の目安（気象庁パンフレットより）

震度	揺れの様子
3	室内にいるほとんどの人が揺れを感じる
4	ほとんどの人が驚く。つり下げ物が大きく揺れる
5弱	大半の人が恐怖を覚え、物につかまりたいと感じる
5強	物につかまらないと歩きにくい。固定していない家具が倒れることがある
6弱	立っていることが困難に。傾く建物がある
6強	はわないと動けない。多くの家具倒壊。地割れ、地滑りも
7	耐震性の低い木造建物は、倒れるものが「6強」よりさらに多くなる

> エレベーター内にいた場合には、全階のボタンを押し、停止階に避難しましょう。

緊急地震速報の仕組み

　さて、緊急地震速報(警報および予報)とは、どのような仕組みで発表されるのでしょうか。地震が発生すると、揺れが地震波となって地中を伝わってきます。

◆地震波の種類

P波	初期微動 最初に地上に到達	秒速約7km	固体中、液体中ともに伝わる	揺れ 小	タテ波
S波	主要動	秒速約4km	固体中のみ伝わる	揺れ 大	ヨコ波

　気象庁では全国数百地点の震度観測点や地震観測点で観測しています。P波を検知した地震計データをコンピューターで自動解析し、震源の位置や規模、強さを瞬時に計算します。計算結果が発表基準に達した場合、S波が伝わってくる前に緊急地震速報を発表します。

◆緊急地震速報の発表基準

	発表基準の概略	内容
警報	最大震度5弱以上が予想された場合 (震度4以上が予想される地域に発表) 長周期地震動階級3以上が予想された場合	地震発生時刻、震源、 震度4以上、 長周期地震動階級3以上の地域名
予報	最大震度3以上が予想された場合 長周期地震動階級1以上が予想された場合 M3.5以上が予想された場合	発生時刻、震源、規模

　緊急地震速報が発表されるタイミングは、だいたい次のとおりです。

地震発生 ➡ 緊急地震速報 ➡ 震度速報 ➡ 津波警報・注意報

(0秒)　(数秒～十数秒)　(1分半～)　(約3分)

【例】 震源地と居住地A地点が140km離れている場合
P波：140km ÷ 7 ＝20km/s　地震発生後　およそ20秒で到達
S波：140km ÷ 4 ＝35km/s　地震発生後　およそ35秒で到達

　この15秒の時間差により、A地点にS波が到達する数秒前に、テレビやネットで緊急地震警報を発令することが可能となったのです。
　ちなみに地震だけでなく「Jアラート（全国瞬時警報システム）」は弾道ミサイル情報、津波警報など対応に時間的余裕のない事態に対する情報を、携帯電話等に配信される緊急速報メール、市町村防災行政無線等により、国から住民まで瞬時に伝達するシステムのことです。時々空振りもあるようですが、何もなくて良かった、と考えましょう。本当にミサイルや津波がやって来たら、甚大な被害に見舞われることになるのですから…。

長周期地震動って何？

　高層ビルやタワーマンションが増えた今日、多く聞かれるようになった「長周期地震動」。大きな地震発生時に生じる周期（揺れが1往復するのにかかる時間）が長い揺れのことです。高いビルを長時間にわたって大きく揺らすため、天井や壁面の落下、エレベーター障害などを起こすほか、上層階ほど家具や書棚が倒れたり、物が落下したりする危険性が高くなるので注意しましょう。
　さらに震源地から数百km離れた場所でも長く、大きく揺れることがあり、2011年の東日本大震災では、地震発生場所から遠く離れた東京でも大きく揺れ、被害が発生しました。高層マンションの20階に住んでいる友人は、横揺れが激しく、生きた心地がしなかったと言っていました。

◆長周期地震動階級

階級	目安
1	室内にいたほとんどの人が揺れを感じる
2	室内で大きな揺れを感じ、物につかまらないと歩きにくい
3	立っていることが困難、固定していない家具が倒壊する
4	立っていることができず、はわないと動くことができない

※気象庁ホームページで確認することができます。

津波への備えは万全？

　日本はまわりを海に囲まれているので、地震とともにやって来る津波にも警戒しなければなりません。まずは地震から身を守り、より高い所を目指して逃げましょう。津波警報、注意報は地震発生から約3分を目標に、津波の規模も同時に発表される仕組みです。

◆津波の大きさ、警報・注意報、速度の概略

種類／定性的表現	数値表現	発表基準	避難の呼びかけ例
大津波警報《巨大》	10m超、10m、5m	予想される津波の最大波が高いところで3mを超える場合	大きな津波が襲い、甚大な被害が発生
津波警報《高い》	3m	同1m超、3m以下の場合	津波による被害が発生
津波注意報	1m	同0.2m以上1m以下	海や海岸は危険

◆津波の速さの概略

水　深	5,000m	500m	100m	10m
時　速（例えると）	800km（ジェット機）	250km（新幹線）	110km（チーター）	36km（自動車）

※津波は、沿岸に近づくほど高くなり、海岸近くでは急に高くなります。
※津波は繰り返し襲ってきます。警報が解除されるまで避難を続けましょう。

地震や津波などの被害に対する心得

大雨、洪水とも共通ですが、水深0〜0.5mは大人の膝まで漬かる程度、0.5〜3mは1階の天井まで漬かる程度、3〜5mは2階部分まで漬かる程度、7〜9mは2階の屋根まで漬かる程度です。しかも満潮時にはさらに平常水位より高くなります。

自宅の標高が何mか、避難場所はどれくらいの高さなのか確認しておきましょう。

災害に備え、非常持ち出し荷物をまとめておくことも大切です。自分の安全確保を第一に考えましょう。ちなみに東日本大震災では最大14.8mを記録しています。できれば15m以上の所を目指しましょう。

日本の標高は、測量法により東京湾の平均海面を0mとして定められていますが、測量のたびに平均海面を計測することは効率的ではないので、地上に固定した「日本水準原点」を定めています。地震などの地殻変動のたびに計測し直し、現在は24.39m。国会議事堂の前庭にあります。

火災保険（共済）では「地震、噴火、津波」は特約になっているものがほとんどで、通常の契約に割増保険料を支払わないと、補償対象にはなりません。確認しておきましょう。

※参考までに…1回の地震等における損害保険会社の総支払限度額は12兆円です（2023年）。

津波ハザードマップはネットでも確認できるよ！

知っトク！

国会議事堂は英語でダイエット（diet）。国会議員は私腹を肥やし、私利私欲に走ることなく、国民のためにたくさん汗をかいて、ダイエットに励めという意味でしょうか…（笑）。

先行き不透明な近未来を賢く心豊かに～多目的フォーラム

　本書では、生活する上で大切な物価、貯蓄、金融、自動車、健康、データなどさまざまなテーマにおける、数学関連の話題をお届けしました。私は損害保険会社に長く勤務し、災害の現場も数多く踏査(とうさ)してきました。数年内に起こるといわれる大地震や台風、大雨、洪水などの備えに対し、大きな危機感を持っています。

　日本では災害が起きるたびに、泥縄式対策で慌てふためきますが、私は本来、中長期の視点の予防策が不可欠だと考えています。人口激減で縮小傾向が続く日本。近年中に自治体が半減、空家も激増。野村総合研究所の予測によると、20年後には、4軒に1軒が空き家になる見込みだといいます。そのような状況の下、賢く豊かに暮らすにはどうするべきか、明るい近未来に向けて何かできないだろうかと、常々考えてきました。

　そこで遊休不動産を積極活用し、少子高齢化の荒波や激甚災害から地域を守る予防策として、自己完結型「多目的フォーラム構想」にたどり着きました。多目的フォーラムは、一言で言うと民営公民館。さまざまな行事で地域を盛り上げ、活性化を目指す施設です。原則1中学校区1施設を想定していますが、各地域の人口規模により臨機応変に対応していく必要があります。

　多目的フォーラムは、日本が小さくても世界のお手本となり、リーダーを目指す絶好の切り札になると固く信じ、必ず実現したいと願っています。今すぐ行動に移せば、必ず間に合うものと確信しています。

※自己完結型とは、生活用水⇒井戸、電気⇒新方式発電、バイオトイレ、さらに備蓄品として、寝具類、衣料、飲食料、薪炭を必要数の7日分確保するなど、行政を補完しつつ、生き延びることができる施設を想定しています。

災害大国ニッポンを救う！
【問題提起の参考資料】多目的フォーラム構想
　多目的フォーラムは、次のような多くの目的に対応することを想定した自己完結型施設です。
○緊急時
　民間緊急避難所、簡易宿泊施設や臨時シェルターとして。また、障害者臨時受け入れ施設として行政を補完。備蓄品は必要数。
○平常時
　地域住民の文化的、社会的交流の場として活躍。

> 例えば…　・ミニ図書館　・学習室　・ミニ音楽ホール
> 　　　　　・集会場　　・宿泊施設　・こども食堂

<u>小中学生</u>には　基礎基本や人間力をしっかり学べる教育の場として
<u>高校生や大学生、若者</u>には　文化ならびに健全な出会いの場として
<u>生産年齢層の方</u>には　子育てや情報交換、趣味の場として
<u>高齢者層</u>には　生きる喜びが感じられる憩いの場として

　可能であれば施設内にビオトープや回遊式庭園を備え、とかく縦割りになりがちな世代間関係に横串を入れ、風通しを良くすることも目指します。

> 世界一美しいと言われるフィンランド、ヘルシンキ大学の図書館。その自由な空間、災害時には避難所になる機能を備えているところなど、お手本にしたいものです。

どうする日本？
先細りの将来人口&GDP

ねえ、お父さん。
日本って人口がどんどん減ってるって本当？

そうだなあ。長生きにはなってるんだけど、
出生数がなかなか増えないからな。

日本って国土も狭いし、資源も少ないし。人口も少なくなって
いくんじゃ、いろいろ厳しいんじゃないかな。

国も子育ての支援とかって言ってるけどな…って、
タツヤ、随分難しいこと考えてるな。

タツヤくん、いいところに気付きましたね。その辺り、
難しいですが、考えていかなきゃいけないことですね。

爆発的に伸び続ける世界人口

　日本は少子高齢化が急激に進み、人口は急速に減少している、ということは皆さんもご承知でしょう。

　一方、世界人口は爆発的に増加しており、国連の推計では1950年に約25億人、2000年は約61億人なので、50年間で人口が2.4倍に増えました。さらに2022年には80億人を突破したので、72年間で3.2倍に増加している計算です。

突然ですが問題です

1950年以降、世界人口は一日当たりどれくらいのペースで増えているでしょうか？

　　A　一日当たり約5万人増加

　　B　一日当たり約10万人増加

　　C　一日当たり約20万人増加

【正解は…】

C　一日当たり約20万人増加

　世界人口の推移は次のとおりです（参考：国連資料）。

> 1950年推計　約25億人
> 2000年推計　約61億人【50年で36億人増加】
> 2022年推計　約80億人【22年で19億人増加】
> 72年間で55億人増加　➡　年平均約7600万人増えています。
> 7600万人 ÷ 365 ≒ <u>20.8万人</u>

　私の住む千葉県なら、習志野市の人口（約17.5万人）に匹敵。例えて言うと、毎日毎日、世界中のどこかに習志野市が、ポコポコと発生していることになるのですね。ビックリ！！！

※人口20万人前後の県庁所在地（2019年・住民基本台帳）
甲府市（約18.8万人）、鳥取市（約18.8万人）、山口市（約19.2万人）、松江市（約20.2万人）。

　自動車メーカー、テスラの最高経営責任者で、世界一の大富豪とも言われているイーロン・マスク氏は「出生率が死亡率を上回るような、劇的な変化がない限り、やがて日本は消滅する」と警鐘を鳴らしています。確かに世界史上前例のない急激な高齢化と人口減少の波が日本を襲っているのです。

　日本の2023年の合計特殊出生率は1.20（厚生労働省）、1947年には4.54だったので、急降下していることが明白です。合計特殊出生率とは、その年次における出生数を、15歳から49歳の女性の人口で割った数値のことです。2人の両親が人口を維持するのに必要な出生率は2.07と言われています。ちなみに、都道府県別で一番高いのは沖縄県の1.60、一番低いのは東京都の0.99です。

　国や地域、文化的、社会的要素、政府の施策などによっても違いが出ますが、アフリカ諸国では6.00を超えている国がいくつもあり、世界人口増加の一因となっています（世界平均は2.26）。一方G7諸国では高い方から順にフランス1.79、米国1.67、イギリス1.57、ドイツ1.46、カナダ1.33、イタリア1.24と、いずれも2.00を割り込んでいます。アジア諸国ではインド2.01、中国1.18、韓国0.78です（参考：2022年世界銀行資料）。

高齢化は何をもたらす？

　日本では超高年齢化が進んでいます。中近世には「人生50年」といわれましたが、長寿化が進み、50歳なら青年団のメンバーとして扱われる地域も珍しくないとのこと。これまでの人口推移は、2004（平成16）年をピークに、増加の一途だった人口が減少に転じています。

2004（平成16）年	1億2,800万人	（高齢化率19.6％）
2030（令和12）年	1億1,500万人	（同　　　31.8％）

そして2050（令和32）年には高齢化率が39.6％になり、総人口も1億人を下回る見込みです（参考：総務省資料）。高齢者は選挙の投票率が高いので、目ざとい政治家は老人受けのいい政策を優先するため、ある評論家は「老人の、老人による、老人のための政治」が行われ、ますます現役世代が置き去りにされる世相になると、皮肉っていました。

2022年には日本が世界第3位だったGDPランキング。翌年には、日本より人口が少ないドイツに抜かれて4位になってしまいました。IMF（国際通貨基金）のデータでは、インドに抜かれて5位になるのも時間の問題のようです。さらに2050年ごろには、中国が米国を追い抜いて1位になり、日本はインドネシアにも抜かれて8位に転落。2050年にはインドが米国を抜き2位になる見込みです。

知ッとク！

GDP（国内総生産）
…1年間に国内で新たに生産された財・サービスの価値の合計。国民総生産※から、海外での純所得を差し引いたもの。
※国民総生産…一国における一定期間に生産された財・サービスの総額。GNP。

◆GDPランキング

GDP	1位	2位	3位	4位	5位	6位
2022	米国	中国	**日本**	ドイツ	インド	英国
2023	米国	中国	ドイツ	**日本**	インド	英国
2050	中国	インド	米国	インドネシア	ブラジル	8位 **日本**
2075	中国	インド	米国	・・・	・・・	12位 **日本**

※2050、2075は、コンサルティング機関であるPwC予測。

大量生産、大量消費時代の終焉

　2017年の日本の穀物自給率は31%（海外依存率69）ですが、G7では、カナダ179、フランス171、米国118、ドイツ113、英国94、イタリア62といずれも極めて高い。エネルギー自給率も日本の10%（海外依存率90）に対し、G7ではカナダ176、米国92、英国68、フランス53、ドイツ37、イタリア22。G7中、日本はいずれも最下位です（単位：%）。

◆穀物・エネルギー自給率（単位：%）

穀物 自給率	カナダ 179	フランス 171	米国 118	ドイツ 113	英国 94	イタリア 62	**日本** **31**
エネルギー 自給率	カナダ 176	米国 92	英国 68	フランス 53	ドイツ 37	イタリア 22	**日本** **10**

（参考：帝国書院・中学校社会科地図資料）

　海外依存率の数字の高さにビックリですね。海外依存率が高いのは海外に富が流出しているということ。対策としては、食品ロスを減らし、省エネに励み、消費を必要最小限にとどめることが考えられます。これは、前項（**1-4**）本多静六氏の貯蓄法にもつながります。

> **知っトク！**
>
> **食品ロス**（推計）
> 612万トン÷1億2,700万人÷365≒132g/日（消費者庁）。これは毎日お茶碗1杯分を捨てている計算です。ちなみに飲食店より、家庭でのロスの方が多いそうです（参考：農林水産省2017年資料）。

日本は、量より質の時代を目指せ

　日本が大国に立ち向かうためのキーワードは、①**粘り強く**、②**一点集中**です。次世代半導体や新エネルギー車等をはじめとする、日本の得意分野の研究、開発を強烈に推し進めることが、今、一番大切なのではないでしょうか。

　大国である米国、中国、インドは温室ガス大量排出国（3か国で約5

割)であり、核兵器を保有する国々は多くの矛盾点を抱えています。そのため指導者のかじ取りが難しく、自国の利益のみを優先すれば内部崩壊し、いずれ自滅するのでは、と言われます。「鯛は頭から腐る」という言葉が頭に浮かびますね。

　柔道の「柔よく剛を制す」の言葉どおり、柔軟性があれば堅固なものにも打ち勝つことができます。企業や団体などの事故や不祥事が頻発していますが、正しいことに率先して取り組み、大きな付加価値を見いだすことができれば、必ず大国のお手本にもなれると確信しています。

> **知っトク！**
>
> **鯛は頭から腐る**
> 社会や組織の腐敗は上層部から広がるという例え。
>
> **柔よく剛を制す**
> 柔らかくしなやかなものが、固く強いものに勝ってしまうことから、弱い者が強い者に勝つことの例え。古代中国の兵法書の言葉「柔能く剛を制し弱能く強を制す」からきた言葉。

数学豆知識

桁数が小さな数字と大きな数字。何て呼ぶ？

　十進法を使った小さな桁数の数字や大きな桁数の数字には、次のような名前が付いています。

小さな桁数の数字の呼び名			大きな桁数の数字の呼び名		
デシ	d	$\frac{1}{10}$	デカ	da	$10 \Rightarrow 10^1$
センチ	c	$\frac{1}{100}$	ヘクト	h	$100 \Rightarrow 10^2$
ミリ	m	$\frac{1}{1000}$	キロ	k	$1,000 \Rightarrow 10^3$
マイクロ	μ	$\frac{1}{百万}$	メガ	M	$1,000,000 \Rightarrow 10^6$
ナノ	n	$\frac{1}{10億}$	ギガ	G	$10億 \Rightarrow 10^9$
ピコ	p	$\frac{1}{1兆}$	テラ	T	$1兆 \Rightarrow 10^{12}$

2-7 データが読める！
幸福度と経済力の相関関係

ねえ、お母さん。幸せって何だと思う？

どうしたの!? 急に哲学的なことを言いだしたわね。

さっき見たドラマでね、資産家の子は家のために好きな人を諦めて、ビンボーな家の子が結局幸せになるっていう…。

（何だドラマか〜）まあ、いろんな幸せがあるんじゃない？

そっか。お金がなくても、家はあるし、ご飯も食べられるし、幸せっちゃあ幸せよね〜。

お母さんは、アンナがしっかり自立してくれると幸せだけどね。

勉強するのは何のため？

　学生の皆さんは、保護者の方から「勉強しなさい！」と言われたことはありませんか？ 今や社会人となってバリバリ仕事をこなしている人も、学生時代に言われたことがあるのでは？ あるいは子を持つ親の立場の人は「勉強しなさい！」と言ったことは？ 一度や二度ではないかも…中には耳にタコができるほど言われたという人もいるかもしれません。

　では、ここで質問です。「何のために勉強するのでしょうか？」 少し考えてみてください。私は中学生対象の小さな塾を営んでいるので、生徒たちに目的意識を植え付けるため、必ずこのように問い掛けます。いい高校に入るため、いい大学に入るため、将来のため、自分のため、いろいろな答えが返ってきます。しかし、どれも本質ではありません。

　自分の進むべき道を見つけて邁進するのは大いに結構です。しかし、若いうちに知識、経験を積み重ねて視野を広げることも、かけがえのない財産になります。他人の考え方や立場が理解できるようになれば、争いは避けられ、共に向上することができます。そのため、私は勉強する目的は思いやる役割を担って「幸せになるため」と結論付けているのです。

海の水、飲めば飲むほど喉が渇く

　では「幸せ」とはどんな状況でしょうか。教育家の木下晴弘氏は、著作『できる子にする「賢母の力」』の中で、次のように述べています。

> 「幸せとは、健康で、ある程度お金があって、世の中のお役に立ち、人から慕われて、皆から感謝されて、愛する人に囲まれて、笑顔あふれる人生」

　「健康」は分かりますね。「ある程度お金があって」には異論があるかもしれません。高価な貴金属や宝飾品、洋服などは凝れば凝るほどキリがありません。洋服を○○着持っているなどと、自慢している芸能人を

時々見かけます。私はあまり好きではありませんが、これは職業上やむを得ないことかもしれませんね。

　宝飾品の業者は貴金属類を１つも持っていない人ではなく、既にいくつか持っている人を主なターゲットにするそうです。１つ手に入れればもう１つ、また１つと欲望には際限がないからです。喉が渇けば水分が欲しくなりますが、同じ水でも海水は喉の渇きを潤してくれません。飲めば飲むほど喉が渇くのです。この海水のように欲望には際限がないのです。京都の大雲山龍安寺にあるつくばいに彫られた、「吾唯足知（われ、ただ、足るを知る）」という言葉を知っていますか？　中国の思想家老子の言葉だといわれていますが、「満足する気持ちを知れば心穏やかで、満足することを知らなければ、心はいつも乱れている」との仏教の教えでもあります。「人から慕われて、皆から感謝されて、愛する人に囲まれて、笑顔あふれる人生」は説明するまでもありませんね。

つくばい…茶庭に据えられた石の手水鉢（手洗い場）。

ザビエルやペリーは日本をどう思った？

　室町時代の日本に、スペインからやって来たキリスト教宣教師フランシスコ・ザビエル（一説には日本を征服しようとやって来たとも言われています）。本国に送った書簡で、「大半の人々は読み書きの能力を備え、勇敢で名誉心があり、日本人に勝てる民族はいない」、また他の宣教師たちも「貧しいが礼儀正しく日本人以上に優れた民族はいない」と報告しています。

　また、その約300年後にやって来たペリーは、「日本は閉鎖的で遅れた国ではなく、極めて勤勉で器用な人民である。業種によっては世界最高で、数学、力学に通じていて非常に優れた自国の地図を作っている、時計を作るほどの発明の才もある」と報告しています。

ザビエルやペリーが、現代のモノ余り状態の金満ニッポンを見たら何と言うのか、興味のあるところです。

　スイッチを入れれば電気がつき、蛇口をひねれば水が出て、お店に行けば欲しいものが何でも手に入る現状はありがたいものですが、大量生産、大量消費を見直す必要があるのではないでしょうか。私は、パラリンピックの映像を見るにつけ、ないモノを欲しがるのではなく、あるモノを生かすべを考え抜いて、即実行することが大切だと痛切に感じています。

お金持ちイコール幸せではない

　米国の心理学者A・H・マズローは、「人間は欲求レベルが低いものが満たされると、よりレベルの高いものを目指す」という「マズローの法則」を提唱しました。先ほどの「幸せ」を私なりに当てはめてみると下記のようになるのではないかと考えています。

1. **生存**の欲求 満足な衣食住の確保	➡ ある程度**お金**があって
2. **安全**の欲求 安全な環境	➡ **健康**で
3. **社会的**欲求 集団に属し、他者から愛されたい	➡ **愛する人**に囲まれて
4. **承認**の欲求 他者から認められたい	➡ 人から**慕**われて、 皆から**感謝**されて
5. **自己実現**の欲求 夢を実現したい	➡ 世の中の**お役**に立ち、 **笑顔**あふれる人生

　このように考えると、ある程度のお金はもちろん必要ですが、最低限

の要素であることがよく分かります。ビジネスで大成功した人が、次から次へと話題をつくりマスコミをにぎわせているのも、皆から認められることで安寧を求めているのではないかと想像できますね。

日本の幸福度はG7最下位!?

「世界幸福度ランキング」という調査があります。国連の持続可能な開発ソリューション・ネットワーク（SDSN）という団体が、毎年3月20日の国際幸福デーに発行している「世界幸福度報告書」で、各国の一人当たり国内総生産（GDP）、社会的支援、健康寿命、社会的自由、寛容さ、人生評価・主観満足度などの数値を基に発表しています。2024年の結果では、日本は143か国中51位になっています。

1位フィンランド、2位デンマーク、3位アイスランド、4位スウェーデンと北欧諸国が上位を占めています。消費税率が25％前後ながら、社会保障が手厚く、教育水準も高く、国民満足度も80％前後と高いのが現状です。G7では15位カナダ、20位英国、23位米国、24位ドイツ、27位フランス、41位イタリアで、ここでも日本は最下位でした。

健康寿命は世界でも屈指の長寿国、一人当たりGDPでも遜色はないと思われる日本ですが、社会的支援や社会的自由、主観満足度で見劣りするのは、収入と幸福度の関連性が薄いということでしょうか。都道府県別、年収と幸福度ランキングの抜粋（下表）を見ると、年収では東京は沖縄より6割も高いものの、物価が高いのが幸福度を押し下げているのでしょうか。

◆簡易比較表

2022	1位	2位	3位	〜	45位	46位	47位	調査母体
年収万円	東京585	神奈川542	愛知524	〜	宮崎375	青森374	沖縄367	厚生労働省
幸福度指数	沖縄77	鹿児島75	宮崎75	〜	神奈川66	東京66	秋田65	ブランド総合研究所

幸福度は収入と共に増加し、その後停滞する

　年収が増えるほど「幸福度」は増していくと考えがちですが、前出の簡易比較表からも分かるように、年収と幸福度は比例の関係ではなく、年収がある基準に達すると幸福度は横ばいになり、その後、減少していく傾向にあるようです。

　富裕層向けの調査では、友人や家族との関係や、誰にも邪魔されない自分だけの時間を持つことに価値を見いだしている人が多いそうです。そうなると、お金に執着し過ぎるのは疑問ですね。幸せの感じ方は人それぞれですが…。

　北欧のように、ある程度高い消費税率でも、社会保障が拡充し、教育水準が高いのはいいですね。また、税率が高いことで、必要なもの以外は買い控えたり、食品ロスやエネルギーの削減にもつながったりと、マイナスばかりではなさそうです。フィンランドでは、量より質を追い求める教育法を重視し、国際学力調査PISAでは上位にランクされ、総合１位を獲得したこともあるそうです。

　野球の得意な子に、「野球はもういいから今度はサッカーやりなさい」と言って、どちらもダメにしているのが日本の教育だと言う学者もいます。少子化の時代では、むやみに競わせるだけではなく、各個人の個性を見極め、丁寧に指導していく姿勢が求められるのではないでしょうか。

本当に社会保障が手厚くなって、教育水準や国民満足度が高くなるのなら、消費税率なども、十分検討の余地はありそうですね。

全身がうつる鏡の大きさは？

　玄関先に「全身がうつる鏡」を設置したいと考えています。売り場に行くと、いろいろなサイズの鏡があります。予算のこともあるので、お手頃価格の平面鏡にしたいと考えています。どのサイズを買えばいいでしょうか。ちなみに家族の中で一番背が高いのはお父さんで170cmです。

　　ⅰ）180cm
　　ⅱ）100cm
　　ⅲ）　80cm

＊　　　　＊

　実際の体の大きさをＡＢ、平面鏡にうつる像（虚像）をＣＤとすると、必要な長さはＥＦとなります。これは、ＡＢのちょうど半分の大きさです。ただしＥＦは、必要最低限の大きさなので、170cm÷2＝85cmより少し大きい鏡を選ぶといいでしょう。選択肢の中では、ⅱ）100cmですね。

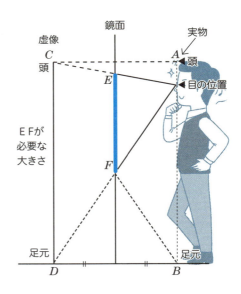

＊　　　　＊

　凸面鏡や凹面鏡を選ぶのもOKですが、顔やおなか、脚（足）が異常に長くなったり短くなったり、太ったりやせたりしてうつります。売り場で現物を見て選んでくださいね。

3

人生で損しないための
数学の底力

人生なが〜く元気に

3-1 データが読める！

ねえねえ、平均寿命がまた延びたんだってよ。
今、テレビで言ってた。

そうねえ。今どき80歳を超えた方たちも元気だものねえ。

お母さんがおばあちゃんになる頃は、
平均寿命が100歳くらいになってたりして。

お母さんが100歳って、うける〜。おばあちゃんって〜。

もう、アンナさん、誰でも年を取るんですよ。
アンナさんはさぞかし元気でにぎやかな
おばあちゃんになるんでしょうね。

た・し・か・に〜。

人生は長距離マラソン

　人生は長距離マラソン、人生100年時代、年々長寿化傾向にある、とは言いますが、現在65歳の人が100歳まで生きる確率は男性1％、女性6％前後と言われています（2019年現在）。

◆主な意味や定義

	意味や定義（厚労省HPより）	男性 女性
健康寿命	健康上の問題で日常生活が制限されることなく生活できる期間（2019年）	72.68 75.38
平均寿命	0歳児の平均余命のこと。健康寿命との差は日常生活に制限のある不健康な期間（2023年）	81.09 87.14
平均余命	ある年齢の人々が、あと何年生きられるかという期待値のこと（年齢により相違。75歳の場合、2023年）	12.13 15.74
寿命中位数	出生者のうち半数が生き残り、半数が死亡と期待される年数 ※平均寿命と混同されがち（2023年）	83.99 90.02
死亡年齢 最頻値	最も死亡者数が多かった年齢（男女共同参画局、2020年）	88 93

　平均寿命と健康寿命の差は、日常生活に制限のある「不健康な期間」、男女とも10年前後ありますが、2010年以降、縮小傾向にあります。寿命中位数は前項（**1-7**）箱ひげ図の中央値（第2四分位数）に当たります。

　健康というと、とかく体のことを中心に考えがちですが、健康の「健」はすこやかと読み、体のこと、「康」はやすらかと読み、心のことを表します。体のことだけでなく、心も豊かに過ごすことが大切です。

　私は病気にかかりにくい健康な体を維持するために、次のBTS&JRを心掛けています。

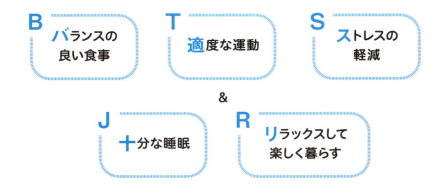

　バランスの良い食生活と毎日の散歩を心掛けるだけでも、ほとんどの病気がどんどん良くなる、と力説する医学者もおられます。しかし、どんなに良い習慣でも、毎日続けないと意味がありません。
　そして基本は毎日の食事です。サプリメントや民間療法は功罪両面あるので、信頼の置ける情報を確認し、かつ、頼り過ぎには気を付けましょう。

知っておきたい飲酒のガイドライン

　暑い夏には（夏じゃなくても）仕事の後のビールの味がたまらない、という人も多いのでは。季節ごとの各社の新商品を、友人たちといろいろ試してみるのも楽しいものです。
　ところで、厚生労働省から「健康に配慮した飲酒に関するガイドライン」が発表されているのを知っていますか？ 年齢、性別、体質による飲酒による影響（ここにも数字が）も明記されています。一度はしっかり確認しておきたいところです。

○**年齢**：高齢者は、体内の水分量の減少などで、若い頃と同じ飲酒量でも、アルコールの影響を受けやすく、転倒や骨折、筋肉減少の危険性が高い。20歳代の若年者は、脳が発達の途中のため、健康上のリスクを高めることになる。
○**性別**：女性は、一般的に男性と比べて体内の水分量が少なく、分解でき

るアルコール量が少ないため、アルコールの影響を受けやすい。
○**体質**：体内の分解酵素の働きの強弱など、個人差が大きい。
　顔が赤くなったり、動悸や吐き気を引き起こしたりする可能性がある。

【重要な禁止事項】
・法律違反（20歳未満の飲酒、酒気帯び運転）
・他人への飲酒強要
・病気療養中、妊娠中、授乳期中の飲酒
【飲酒についての推奨事項】
・あらかじめ量を決めておく
・食事と一緒に楽しく飲む
・強い酒は薄めて飲む
・週に数日は休肝日を
　　　　　　↑
　　　　　　└── 飲酒をしない日

　厚生労働省では、1日当たりの平均純アルコール摂取量が男性40g以上、女性20g以上を「生活習慣病のリスクを高める飲酒量」と定めています。ただし、飲酒習慣のない人に飲酒を推奨するものではありません。

　「純アルコール量（g）に着目せよ！」
（by グッチ先生）

純アルコール量20gの目安	
ビール（5％）	500mL
日本酒（14％）	180mL
ワイン（12％）	200mL
チューハイ（7％）	350mL
焼酎（25％）	100mL
ウイスキー（40％）	60mL

知っトク！

純アルコール量＝摂取量(mL)×アルコール濃度(度数／％)×0.8
　　　　　　　　　　　　　　　　　アルコールの比重 ↑

例：5％のビールロング缶（500mL）に含まれる純アルコール量は20g
　　500×0.05×0.8＝20(g)

BMIとメタボリックシンドローム

　BMI（Body Mass Index）はボディマス指数とも呼ばれ、身長と体重から算出する肥満度を示す体格指数です。成人ではBMIが国際的な指標になっています。計算の仕方は次のとおりです。

BMI値 ＝ 体重（kg）÷ 身長（m）² ←こちらを先に計算

　この数値が18.5未満だと低体重（やせ）、25.0超だと肥満です。18.5以上、25.0未満が標準体重になります。22.0だと最も病気にかかりにくいと言われています。この数値を目指しましょう。

◆BMI概算早見表 ※四捨五入、性別関係なし

身長(m)	(身長)²	低体重の目安 18.5未満	目標 22.0	肥満の目安 25.0超
1.50	2.25	41.6kg	49.5kg	56.3kg
1.55	2.40	44.4kg	52.8kg	60.0kg
1.60	2.56	47.4kg	56.3kg	64.0kg
1.65	2.72	50.3kg	59.8kg	68.0kg
1.70	2.89	53.5kg	63.6kg	72.3kg
1.75	3.06	56.6kg	67.3kg	76.5kg
1.80	3.24	59.9kg	71.3kg	81.0kg

例：身長150cmでは、41.6から56.3kgまでが標準体重で、49.5kgが理想体重

とりあえず私はおいといて…。
お父さん、大丈夫かしら。

あらまあ

○メタボリックシンドローム（以下、メタボ）の診断基準

日本では、2005年に日本内科学会など8つの医学系学会が、合同で次のような診断基準を策定しました。

| ウエスト周囲径（おへその高さの腹囲）
　男性85cm以上
　女性90cm以上 | かつ | 血圧 ┐
血糖 ← 3つのうち2
脂質 ┘　つ以上が基準値外 |

○ガン検診、特定検診（俗称：メタボ検診）、特定保健指導

日本人の死因の約5割はガンや心臓病、脳卒中などの生活習慣病であり、その予防と早期発見、治療に有効なのが40歳から74歳の人に行われるガン検診や特定検診、特定保健指導です。特定保健指導では医師や保健師、管理栄養士などが面接などを通じて、一人一人の目標や取り組み内容を一緒に考え、効果的に実践できるよう支援しています。リスクの高い人には「積極的支援」、そうでない人には「動機付け支援」を行っています。

1Lの牛乳パックには本当に1,000mL入っているの？

牛乳パック底面の外寸は7cm×7cmの正方形、高さは19.6cm。直方体の体積は底面積×高さ、単純計算すると容積は960.4cm³、しかもこれは外寸。紙の厚みがあるため、内寸はもっと少ないはず。本当に1,000mL入っているのでしょうか…？

大丈夫！ 正真正銘1,000mL入っています。実はパックの材質は紙なので、まわりが膨らんでメタボに、ウエストサイズ・フトーリーなのです（笑）。

東京ドームの広さって ザックリどれくらい？

 うわあ、すっごく広い牧場だね〜、すてき！
ハイジの世界だあ〜。

 確かにいい眺めだね（ハイジはアルプスの山だし、ここ馬の牧場だしいろいろずれてるけど…）。ガイドブックによると、敷地面積約50万㎡だって。

 え〜、さっぱり分からないよ〜。
手っ取り早くピン！とくる説明ないの？

 しょうがないなあ。東京ドーム11個分だよ！

 それな〜。分かりやすすっ！

 ザックリつかめればいい場合、
説明も理解も手早く済む例えですね。

「広い」を例える 野球場の面積をザックリつかむと

広いことを例えて言うのに、「東京ドームの○個分」や、「甲子園球場の○倍」などと表現します。感覚的にイメージはできるものの、実際にどれくらいの広さなのか。考えてみましょう。

"グッチ式アバウト算"考え方のヒント

① 球場のホームベースから左右両翼がそれぞれ100m、バックスクリーンまで120mですが、フェアグラウンドはアバウトに100m×100m＝10,000m²（1ha）の正方形と考えます。

② そしてフェアグラウンドの周囲が観客席も含めて50mと考えます。

③ すると、およそ200mの正方形ができ上がり、200m×200m＝40,000m²（4ha）となります。

つまり東京ドームや甲子園球場など野球場1個分の大きさはザックリ40,000m²ということが分かりました。

ちなみに外周は800m、分速80m（人によっては早歩き）で歩けば約10分です。

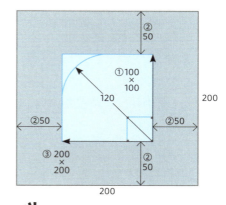

知ットク！

東京ドームの天井までの高さは約60m、野球場の収容人数は、阪神甲子園球場約47,500人、東京ドーム約43,500人です。また、野球のダイヤモンドは1周約110m、塁間距離は27.431m（90フィート）と決まっています。

ちょっと一言

東京ドームの公式HPでは重層部分の面積も加算して約47,000m²、阪神甲子園球場公式HPでは約38,500m²とあり、ほぼ正解ですね！

不動産取引でよく出てくる単位「坪」

　学校で学んだ面積の単位、ヘクタール(ha)は一辺100mの正方形のことです。100×100＝10,000m²＝1ha。野球場のフェアグラウンドとほぼ同じと考えれば、およその広さが想像できます。また、アール(a)は一辺10mの正方形で、10×10＝100m²＝1a。1ha＝100aです。

　不動産取引で使われる単位には、平方メートル(m²)以外に「坪」という単位があります。土地や家の広さの単位としては、建築や不動産業界などでよく使われます。1坪≒3.3m²（≒は約の意味）で、およそ畳2枚分の広さです。

例：6畳の和室を洋室にリフォームした場合の広さ(m²)は？

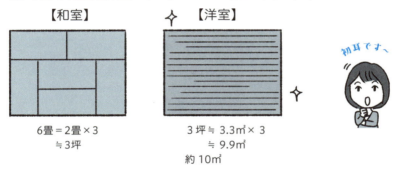

【和室】
6畳＝2畳×3
　　≒3坪

【洋室】
3坪≒3.3m²×3
　　≒9.9m²
約10m²

※一般的な畳サイズ(182cm×91cm)で計算しています。畳はさまざまな種類があり、長さや幅が異なります。

知っトク！

東京ドームの広さ
40,000m²÷3.3m²≒12,000坪、畳約24,000枚分。

テニスコートの広さ（1面の場合）
テニスコート（硬式）はタテ23.77m、ヨコ10.97mが正規の長さなので、アバウトに24m×11mと捉えます。コートの周囲4〜5mと考えると、ザックリ35m×20m＝700m²。700m²÷3.3m²≒212坪。200坪ちょっとなので、畳約400枚分。

小中学校のプールを考えてみると

　プールの一般的な大きさは、タテ25m。ヨコの長さは決まっていませんが、ここでは、ヨコ15mとして考えましょう。プールサイドを各5mとします。

　（25 ＋ 5 × 2）×（15 ＋ 5 × 2）＝ 35 × 25 ＝ 875　　　　875㎡

　　　　　　　　ここではザックリ900㎡とします。

900 ÷ 3.3 × 2 ≒ 550、畳約550枚分の広さになります。
　└─ 坪に換算

　プールの場合は、広さのほかに水の量など、容積で表すこともあります。深さを1.2mとします。

　875 × 1.2 ＝ 1,050　　　ザックリ端数切り捨てで 1,000㎥

　次は、プールの水をドラム缶に詰めると何本になるか、計算してみましょう。ドラム缶1本200Lとします。

　1Lは、10㎝× 10㎝× 10㎝ ＝ 1,000㎤ ＝ 0.001㎥

　ドラム缶1本は、0.001 × 200 ＝ 0.2㎥

　プールの水は、1,000㎥　　1,000 ÷ 0.2 ＝ 5,000　　5,000本

何と、ドラム缶なら約5,000本分にもなるのです。

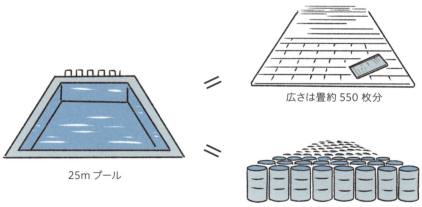

25mプール

広さは畳約550枚分

容積はドラム缶約5,000本分

じゃあ これはどうなる？

次の広さを指定された単位で表すとどうなるでしょう。

※ただし、道路など、他の要素も考慮します。

①東京ドーム10個分の広さは何万m²？

②東京ドームのフェアグラウンドにテニスコートはいくつ
　入る？

③東京ドームのフェアグラウンドを駐車場として使用する
　と何台止められる？

④東京ドームに40坪の戸建て住宅はおよそ何戸建てられ
　る？

【正解は…】

①約 40 万 m²（40,000 × 10）

②約 14 個（10,000 ÷ 700）

③約 430 台（3,000 ÷ 7）　　　　　※坪数で考えてみました。

国土交通省の「駐車場設計・施工指針」によると、普通乗
用車1台分に必要な広さは長さ6m、幅員（横幅）2.5m、
6×2.5÷3.3≒4.5坪となっています。ただし、隣の車と
の幅は余裕を持った方が駐車しやすく、ドアを開けた際
にぶつけることも少なくなります。さらに自走式駐車場
では道路部分も必要なため、実際には1台分に7坪程度
あれば十分と考え、ここでは1台分、7坪と考えました。

④およそ240戸（12,000÷50）
道路分を考慮に入れ、1戸50坪と考えました。

何と、一つの街が
できるのね。ビックリ！

知っトク！
農地の広さを表す単位「反」
田んぼなど、農業で使われている単位に「反」があります。
1反は約300坪。おおむね何m²でしょう？
　300×3.3≒1,000
　　　↑1坪　　　　　　約1,000m²

数 学 豆 知 識

熱闘甲子園、試合数は!?

　2024年8月1日、開場100周年を迎えた阪神甲子園球場は高校野球の聖地。春のセンバツ、夏の全国高校野球では数々の名ドラマが展開されてきました。例年地域の代表が熱い戦いを繰り広げるので、盛り上がりますね。さて、全国47都道府県の49代表（北海道、東京は2校）で繰り広げる勝ち抜き戦（トーナメント）の試合数は全部で何試合でしょうか。ただし、全て1試合で決着がつき、引き分け再試合はないものとします。

　正解は…48試合です。勝ち抜き戦のため、1試合で1チームが敗退します。優勝校だけは1試合も負けないので、49－1＝48となります。

3-3 時短になる！
63×67の計算を一瞬で 十等一和の速算テク！

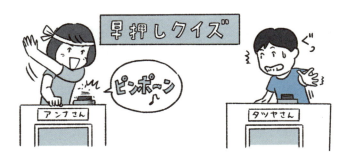

 突然ですが〜。いただき物のスイーツ争奪、計算クイ〜ズ！それでは問題です。21掛ける29は？

 はいっ！609！

 正解！アンナ勝利！

 へっ？ 早っ！

 あ〜、アンナさん、お父さん、さっきの速算法のことですが…。

 ！！ そういうことか。さてはグルだな！

 てへぺろ(๑>◡<๑)

日本伝来の速算術「十等一和」とは？

数年前にインド式計算術がはやりましたが、実は日本にも伝来の速算術があります。今回ご紹介するのは「十等一和」という手法です。

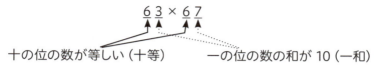

十の位の数が等しい（十等）　　一の位の数の和が10（一和）

この形になっていれば、どんな数字の組み合わせでも成り立ちます。これをいろいろな方法で説明してみましょう。

長方形の面積で説明

① 63 × 67 の計算は、タテ 63㎝、ヨコ 67㎝の長方形の面積を計算するのと同じです。

② ヨコ 60㎝のところで、図のようにタテに線を引いて、60㎝と7㎝ に切り離します。
（63 × 60 + 63 × 7）

③ 小さな7㎝ の部分を動かして、残りの 60㎝ の部分と重なるように動かします。
※移動してもトータルの面積は変わりません。

④ すると 70㎝× 60㎝と、 7㎝×3㎝の2つの長方形になります。

⑤ 70 × 60 = 4,200と、7×3 = 21の合計 <u>4,221</u> が 63 × 67 の答えです。

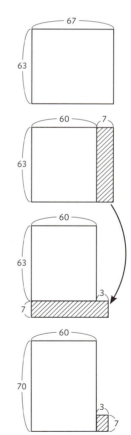

計算式で説明

$63 \times 67 = 63 \times \underline{60} + (\underline{60} + 3) \times 7$

$\qquad = \underline{60 \times 63 + 60 \times 7} + 3 \times 7$

$\qquad = 60 \times (63 + 7) + 3 \times 7$

$\qquad = 60 \times 70 + 3 \times 7$

$\qquad = 4,200 + 21 \ \rightarrow \ \underline{4,221}$

十の位：一方はそのまま、もう一方に 10 を加えて掛け算します。

一の位：そのまま掛け算します。

この2つの数を合計したものが答えです。

文字式で説明

十の位の数が a なので 10a、一の位の数を b、c とします。一の位の数の和が 10 なので、$\underline{b + c = 10}$

$(10a + b) \times (10a + c) = 100a^2 + 10a(\underline{b + c}) + bc$

$\qquad\qquad\qquad\qquad = 10a(\underline{10a + 10}) + bc$

十の位：一方はそのまま (10a)、もう一方に 10 を加えて (10a + 10)。

一の位：そのまま掛け算します。

この2つの数の合計が答えです。

十の位が同じ数で、一の位の数が足して 10 の計算

$15 \times 15 = 225$	$25 \times 25 = 625$	$35 \times 35 = 1,225$
$45 \times 45 = 2,025$	$55 \times 55 = 3,025$	$65 \times 65 = 4,225$
$75 \times 75 = 5,625$	$85 \times 85 = 7,225$	$95 \times 95 = 9,025$

下1ケタに 25 が並んでいます。これは一の位の 5 × 5 = 25 ですが、上のケタにも何か法則がありそうですね。

例えば、65 × 65 では、60 × (60 + 10) = 4,200。文字式で a = 6、b = 5、c = 5 に当てはめてみます。

一の位の数が5でなくても成り立ちます。

21 × 29 = 609　　22 × 28 = 616　　23 × 27 = 621　　24 × 26 = 624
26 × 24 = 624　　27 × 23 = 621　　28 × 22 = 616　　29 × 21 = 609

また、十の位の数が　3、4、5、6、7、8、9　いずれの場合でも成り立ちます。いくつか例示してみましょう。

31 × 39 = 1,209　　42 × 48 = 2,016　　53 × 57 = 3,021
64 × 66 = 4,224　　76 × 74 = 5,624　　87 × 83 = 7,221
98 × 92 = 9,016

と全て成り立ちますね。

じゃあ　これはどうなる？

「十等一和」マスターできましたか？　少し練習してみましょう。
秒速での解答、チャレンジしてみませんか？

①54×56　　②72×78　　③37×33
④45×45　　⑤68×62　　⑥83×87

【正解は…】

①50 ×（50＋10）＋4×6 = 3,000＋24 = 3,024

②70 ×（70＋10）＋2×8 = 5,600＋16 = 5,616

③30 ×（30＋10）＋7×3 = 1,200＋21 = 1,221

④40 ×（40＋10）＋5×5 = 2,000＋25 = 2,025

⑤60 ×（60＋10）＋8×2 = 4,200＋16 = 4,216

⑥80 ×（80＋10）＋3×7 = 7,200＋21 = 7,221

---

3 人生で損しないための数学の底力

学力向上の秘訣は、丁寧に教わってたくさん演習すること

たくさん練習することによって、確実に自分のものにすることができます。

複雑な形の土地の面積 どう求める?

 あら、お父さんどうしたの? 難しい顔しちゃって。

 町内会でさ、集会所の庭をそろそろ整備しなきゃなって話が出たんだけど、予算を立てるにも面積の資料がなくてさ。あそこ、変な形してるだろ。

 そういえばそうねえ。
面積の見当がつけば、計画を立てやすいわね。

 なるべく効率良く面積を出したいんだけど、
どこをどう測ってくれば…う〜ん…。

 ふむふむ。では、面積計算の時短テクを伝授しましょう。

複雑な形の土地面積。ポイントは三角形

　わが家の近くは建築ラッシュで、土地測量の場面をいくつも目にします。建設現場で測量の方が三脚を立てていたので、のぞかせてもらえますかと声を掛けると、「これは光波を当てて距離や角度を測量するプリズムなので、のぞくところはなく、正確に三脚が立っているか、十字ポイントを確認する窓があるだけなんですよ」と教えてくれました。伊能忠敬の時代から見れば、ずいぶん進化したものだと感心しました。測量機器は多くの種類があり、目的や場面によっていくつかを使い分けているそうです。

　土地の取引には正確な面積を測る（実測する）必要がありますが、正方形や長方形はごくまれで、複雑な形の土地が多いと思います。

　例えば、次のような複雑な形の土地の面積はどのように測るのでしょうか。

> **知っトク！**
>
> **伊能忠敬**
> 1800年代の初め（江戸時代）、実測による日本地図を作った人物。その測量方法は、実際に歩いて距離を測り、天体観測で自分の位置を割り出すというものでした。トータルで約3.5万km歩いたとされています。

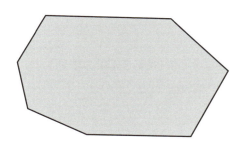

複雑な形の土地の面積を出すには「いくつかの三角形に分ける」がポイントです。

　補助線を何本か引いて、いくつかの三角形に分けて考えてみましょう。一つ一つの三角形の面積を求め、合計すれば全体の面積が求められます。実際、土地取引ではこのようにしているようです。

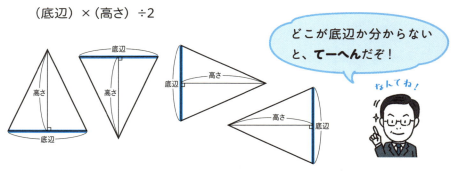

三角形の面積の求め方は3種類（中学分野）

1. 底辺に当たる部分と、高さに当たる部分を見つけて求める方法
   （底辺）×（高さ）÷2

※底辺は必ずしも底ではなく、上や左、右のこともあります。

2. グラフ上などで底辺が見つからないとき【余分3兄弟の法則】
   長方形で囲み、余分な三角形の面積を引いて求める方法

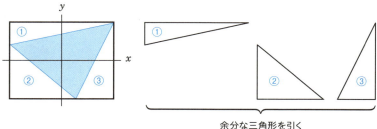

余分な三角形を引く

3．底辺に平行な補助線を引いて求める【等積変形】
高さが変わらないように三角形を変形して求める方法

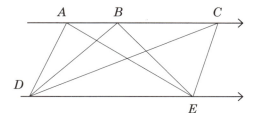

△ADE＝△BDE
　　　＝△CDE

※平行な2直線間は、どの部分も同じ距離になります。

三角形の面積の求め方ウルトラC「ヘロンの公式」（高校分野）

　三角形の面積の求め方には、前記のような方法のほかに、三角形の角度を測って、三角関数（高校分野）を使って求める方法などもあります。しかし、実際に現場で観察していると三角形の各辺の長さは測っていても、角度を測っているような様子はありません。現場責任者に確認してみると、三辺の長ささえ分かれば、面積はPCで簡単に求められるのだそうです。

　使っているのは「ヘロンの公式」。高校分野ですが、それほど難しくないので、簡単に説明しますね。

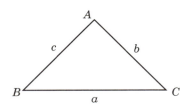

△ABCの三辺の長さが、a、b、cのとき、
$\frac{1}{2}(a+b+c)=s$　とすると

面積：$S=\sqrt{s(s-a)(s-b)(s-c)}$

　三辺の長さが3㎝、4㎝、5㎝の直角三角形で確認してみましょう。
○通常の求め方…底辺3㎝、高さ4㎝とする。$4×3÷2=6$　面積は6㎠
○ヘロンの公式を使用

$\frac{1}{2}(3+4+5)=6$　…　sとする

$(s-a)=6-3=3$、$(s-b)=6-4=2$、$(s-c)=6-5=1$

$\sqrt{6×3×2×1}=\sqrt{36}=6$　　　　　　　　　　面積は6㎠

3-5 節約できる！
持ち家派か賃貸派か

そうねえ。どうなのかしら…。

盛大なため息ついて、どうしたの？

最近、分譲マンションのチラシが目につくのよね。
思い切って買うのもありかしら、と思うんだけど。

新しいマンションで自分の部屋って魅力的だなあ。
でも、家賃をずっと払っていくのとローンを組むのと、
どっちがトクなんだろう？

ん〜、その辺、よく分からないのよねえ。

持ち家か賃貸か。ちょっと考えてみましょうか。

人生は長距離マラソン

　日本人は農耕民族のせいか、生活基盤としての土地に執着してきました。江戸時代以前は世襲により、親の職業を引き継ぐことも多くありました。しかし、明治、大正、昭和、平成、令和と時代は移り、ライフスタイルの多様化により、企業や団体に勤務する被雇用者（いわゆるサラリーマン）比率が急速に増えました。

　総務省統計局の調査（2017年時点）によると、全就業者数は、6,433万人、うち被雇用者は5,728万人、実に約9割になります。全国に拠点を張り巡らしている企業では転勤の可能性もあるため、従業員の異動に備えて、自社で社宅を完備しているところや数々の手当が充実しているところも少なくありません。

　持ち家を建てると転勤になるとの妙な風評もあり、持ち家か賃貸住宅か、選択に悩むことも多いようです。ちなみに、ニューヨークでの賃貸率は約7割、平成22年の国勢調査では日本全体の賃貸率は約4割、東京は5割超、持ち家率は全国で約6割、東京は5割弱です。

◆持ち家、賃貸住宅それぞれのメリット・デメリット比較表

	持ち家	賃貸住宅
メリット	・資産のため換金も可能 ・日本は土地本位制のため、社会的信用も築ける ・ローン完済後は生活にゆとりも（老後資金） ・改築、リフォームも自由 ・予測不能な事態も、団体信用生命保険で安心「富（ふ）動産」 【地域密着、安定志向派】	・収入次第。転職、家族構成、ライフスタイルに合わせ、柔軟に対応可能 ・所在地、物件を自由に選択可能 ・維持費、税金等原則不要 ・貯蓄、投資等で資産形成すれば「付（ふ）動産」 【流動的、先行き不透明でも自由派】

| デメリット | ・長期多額借り入れでは経済的負担大
・共働きでライフスタイル硬直
・収入減少すれば返済困難も
・銀行と金利交渉、支払い猶予（リスケ）、任意売却交渉も
・維持費、税金、建て替えは自己負担
・簡単に居住地変更不可
・人口減少等で価値下落
　リスク、遺産相続トラブル等で
　「負（ふ）動産」
【不測の事態に柔軟な対応力が必要】 | ・引っ越しの都度、多くの諸経費が必要
・間取り変更不可など制約が多い
・ペットやピアノ不可など制約が多い
・永久に賃料を払い続ける必要あり
・高齢になると、独居老人には貸借可能物件が激減。「孤独死」で事故物件になるのを恐れて家主が貸したがらない「無動産」
【将来の不安に対し万全の備えが必要】 |

◆持ち家、賃貸住宅、ザックリ比較表

	A　持ち家　【定着型】 4,000万円の新築住宅	B　賃貸住宅　【流動型】 家族状況により転居可能
デメリット	頭金約30%1,000万円 住宅ローン　3,000万円 35年返済、年利2%、 ボーナス払いなしの場合 毎月返済額　約11万円 初年度の諸経費、税金、手数料等の合計額を10%、400万円にて試算	貯蓄・投資資金1,000万円 ①0〜5年（2名2DK）　月11万円 ②6〜25年（4名3LDK）　月16万円 ③26〜35年（2名2DK）　月11万円 ④2年ごとに更新料1か月分 ⑤35年間に引っ越し4回と仮定し、引っ越し費用算出
合計支払額	頭金　1,000万円 住宅ローン支払総額　4,620万円 （11×12×35） 諸経費、税金、手数料等の合計額 10%　400万円 合計　6,020万円	①11×12×5＝660万円 ②16×12×20＝3,840万円 ③11×12×10＝1,320万円 ④22＋160＋55＝237万円 ⑤15×4＝60万円 合計　6,117万円

金額は、地域、物件等により大幅に違ってきます。確認は慎重に。賃貸の場合でも、貯蓄や投資がうまくいけば、差はさらに縮まり、ザックリした概算比較では35

特にデメリットをしっかり考えて判断しましょう！

年間の合計支払額は大差ないことが分かります。

あなたはいくら借りられる?

　持ち家を選択し、不動産の購入をするとしたら…多くの人にとって、人生で最も高額な買い物になることでしょう。ローンと言っても、ショッピングローンの比ではありません。返済のことも考えて、ザックリいくらぐらい借りられるのか、考えてみましょう。

◆借入可能額ザックリ簡易試算表

月額返済額、返済年数、概算借入可能額は次のように試算します。
（65歳残債一括返済、金利２％の場合）

・税込の年収を書き出します【10万円未満切り捨て】　①　　　　　　万円
・①を7倍します【フラット35利用調査】
　　　適正物件価格は、年収の7倍程度　　　　　　　②　　　　　　万円

・返済負担率は年間30%以内【1万円未満切り上げ】
　　①×0.3÷12（端数切上）⇨月額返済額　　　　　③　　　　　　万円
　30%⤴　⤴12か月

　月々の支払額（③）が10万円の場合の借入可能額は次のとおり（住宅金融支援機構のシミュレーション〔元利均等〕より。金額は50万円単位に丸めてあります）。

　　20年　2,000万円　　25年　2,350万円
　　30年　2,700万円　　35年　3,000万円
　　※③が８万円の場合0.8倍、15万円の場合1.5倍に。

　　概算借入可能額　　　　　　　　　④　　　　　　万円

上記の②、③、④を比較して判断します。

※金額、年数、金利等、詳細条件は金融機関にて確認してください。
※「フラット35」は、長期固定金利の住宅ローンの名称です。

> **ここが目のつけどころ！**
>
> 住まいは多くの人にとって、一生に一度の大きな買い物です。自尊心をくすぐられるようなセールストークに乗せられることなく、納得いくまで考え、家族会議を開いて検討を重ね、石橋をたたいて渡るほどの慎重な判断が必要とされます。原則自己責任なのも忘れてはいけません！万人に通用する結論はありません。仕事内容や、家族構成、地域密着型（安定型）、転勤族（流動型）、どちらのスタイルを望むのか、中長期的な展望に立って、自分の価値観を大切にしながら、慎重に判断しましょう。

うんうん

自助、公助、共助など「助け合い」の言葉はあるけれど、基本的に誰も助けてくれないと思って、しっかり考えなきゃいけないね。

これからの住宅にはこんな視点も

住宅を購入するならば、長い人生暮らす場所として、自分にとって納得できる「良いもの」にしたいものです。資金計画のほかに、こんな視点でも検討してみませんか。

○ **ZEH（ゼッチ）**

net Zero Energy House（ネット・ゼロ・エネルギー・ハウス）の略語で、「（1年間の）エネルギー収支をゼロ以下にする家」という意味。断熱性や設備の効率化を高めることによる省エネルギーと、太陽光発電などによる創エネルギーの機能を備えた住宅のことです。蓄電システムと合わせれば、災害時の電力供給にも役立ちます。設備費などの費用は割高になりますが、国や自治体は補助金制度などを推進してお

り、検討する価値はありそうです（経済産業省資源エネルギー庁）。

◯ 地震などの災害に備えた構造や工法など

新築や改築、リフォームをする場合、ぜひ検討したい点です。

耐震（揺れに耐える）…建物の強度を増す。

制震（揺れを吸収する）…制震装置を組み込み、揺れを抑える。

免震（揺れを逃す）…地面との間に免震装置を入れ、揺れを軽減する。

◯ GX志向型住宅

脱炭素の考え方を取り入れたＧＸ（グリーン・トランスフォーメーション）志向型住宅にも注目したいものです。

引っ越し魔の世界的有名人といえば？

「冨嶽三十六景」などの名作を残した画家として有名な葛飾北斎。ヨーロッパの画家や作曲家が影響を受けた日本の芸術家として、世界的に有名な人物です。この北斎、「引っ越し魔」としても超有名。90年の生涯で93回も引っ越しをしたそうです。整理整頓が不得意で掃除をしない。部屋が汚れるたびに引っ越したのだとか。唯一、49歳のときに自宅を構えるも性に合わず、すぐ飛び出して、また借家住まいに…まあ迷惑な、いや、個性的な方だったんですね。

リボ払いの沼にハマって借金まみれに!?

アンナ宛ての不在通知…。
クレジットカードの会社からだけど、なあに？

あぁ、たぶんカード。
前に友達と買い物に行ったときに申し込んだヤツ。

クレジットカードなら持ってるでしょう。
支払いが苦しくなっても貸しませんからね。

大丈夫だよ。リボ専用カードだから。3,000円くらいずつ払えばいいんだって。「お支払いがラクですよ〜」って。

……（怒：先生何とか言ってやって）。

アンナさん、さては手数料とかの説明、
ちゃんと聞いてませんでしたね！危ないなあ。

クレジットカードの普及

　私は、普段塾で中学生に数学を教えています。数学の試験で計算ミスを軽く考える生徒が非常に多いことに閉口していました。

「プラス、マイナスの間違いは貯金と借金の差。天と地ほど異なる重要なミス！単なる計算間違いなどと軽く考えている限り、一生ミスは直らないよ！」と指導すると、「先生、借金って何ですか？」と逆質問を受ける始末。根気よく丁寧に説明していますが、まるで社会科の授業ですね（笑）。

　さて、クレジットカード会社（以下、カード会社）は、団塊の世代が社会に出て働くようになった頃から、日本でも広がり始めました。

◆カード会社の主な収入源

①会員から受け取る年会費や入会金
②会員が提携加盟店にて買い物をした際に受け取る手数料（業種等により異なり、通常手数料3〜7％前後）
③会員のキャッシュサービス利用での金利（実質年率18％前後）

> **知っトク！**
>
> **団塊の世代**
> 第2次世界大戦終戦後の第1次ベビーブーム期（1947〜1949年）に生まれた人たち（人数が多い）を指す。堺屋太一氏の小説『団塊の世代』の影響で定着した言葉。

　クレジットカードの急速な普及により、カード会社では、運営資金不足に陥り、取引金融機関から貸し付け原資を調達する必要が出てきました。当然、多額の支払金利も発生します。

　そこで、上記の②に金利も受け取れるように分割払いを導入し、さらに、一括払いをした会員からも手数料を受け取ることができるよう**④リボルビング払い**（以下、リボ払い。実質年率15％前後）を導入したのです。加盟店からは手数料、会員からは金利と、双方から収入を得られるので、特に力を注いでいます。

クレジットカードが広まった理由

クレジットカードの普及は、カード加盟店と会員にとってどんなメリットがあるのでしょうか。主なものを見てみましょう。

加盟店のメリット
①手持ちの現金がない客からも売り上げが期待できる
②比較的短期間で収入を手にすることができる
③掛け売りと違って、貸し倒れリスクがない

会員のメリット
①現金がなくても買い物をしたりサービスを受けたりできる
②物品やサービスをすぐに入手できる（先取り）
③ポイントや各種サービスが充実している
④キャッシングサービスを利用できる

現金がなくても気軽に、手続きが簡単で、手軽に買い物ができるため、100円ショップの「ついで買い（不要かもしれないけど100円だからまあいいや）」のように、余分な買い物をしがちになってしまうかもしれません。

リボ払いは手軽で便利だけど金利が高い

18歳になったばかり、収入のない大学生などでも自分のカードが持てます。買い物をしても、リボ払い（定額払い）にすれば、月々の支払いはラクなのですが…いいことばかりではありません。

例えば10万円の買い物をして毎月1万円返済する場合、元利合計が11万円近くになり、完済まで11か月かかります。調子に乗ってまた別の買い物をすると、完済までの期間がどんどん伸び、延々と返済に追われるドロ沼にハマることになるのです。

近年、リボ払い専用カードや、初期設定がリボ払いになっているカー

ド、しつこくリボ払いを勧める会社もあるとか。手遅れになる前に、支払い方法には敏感になること、借金沼に陥らないよう強い決意を持つことをお勧めします。

◆借金沼から抜け出すには…（一例）
1．毎月の返済額を増額する【1万円 ➡ 2万円など（時短）】
2．余裕があるときは追加して返済する【3万円、5万円など（時短）】
3．残高が少なくなれば一括返済する【無理のない程度に（清算）】
4．リボ払い不可のカード等に切り替える【繰り返さない（対策）】

イスラムの銀行は金利ゼロ

　悪徳高利貸しといえば、シェークスピアの『ヴェニスの商人』に出てくるシャイロックですが、当時は政府の制限が厳しく、貸付金利はわずか5％以下だったそうです（日本の消費者金融は18％が主流）。またイスラムの銀行は現在でも宗教上の理由から、金利を取ることができないそうで、預ける場合も金利は一切つきません。

　お金を貸せる人は豊かな人、お金を借りる人は貧しい人、お金を貸して金利を取ると、貧しい人から豊かな人に富が移動し、社会がますます不平等になるとの理由から、アラーの神の下で平等な世界を目指すイスラム教では利子を禁止しているのです。イスラムの銀行では、①利子授受の禁止、②投機的な取引禁止、③（豚肉、アルコール、タバコなど）特定品目の取り扱い禁止の原則を、今でも貫いています。

　ではイスラムの銀行はどのようにして成り立っているのでしょうか。銀行は資金を提供することによって借り主が得た利益を、一定の比率で受け取っています。つまり、成功報酬で金を貸す、いわば元本保証のない投資信託のようなものです。少しばかりの手数料は認められていますが、金利は受け取れません。

宝くじの当選金に税金はかかるの？

 タツヤ、これやるか？ スクラッチ宝くじ。

 やるやる〜。1等100万円当たったら半分くれる？

 何でだよ。お父さんが買ってきたんだから、まあ、8：2だな。

 80万円かあ。何買おっかなあ。

 何でそうなる…。おまえ、アンナに似てきたんじゃないか？

 嫌なこと言わないでよ。最後の1枚。
お！これはいけるかも……200円かぁ。

 全滅じゃなかったから、まあいいか。
また今度だな。…お〜い、お父さんをにらむなって。

江戸幕府が禁令を出すほど人々がヒートアップ！
庶民の夢…宝くじ

　皆さんは宝くじを買ったことがありますか？ 一度や二度は買ったことがあるという人は多いと思います。日本で一度でも買ったことがある人は全人口の8割超、8,500万人超だそうです。私は逆に買わない人が2割近くもいるんだと驚いてしまいました。すっかり庶民の夢として定着し、多くのファンに親しまれている宝くじですが、その歴史は古く2000年前のローマ時代にさかのぼると言われています。

　日本では、戦国の世も落ち着いた江戸時代になって、「富くじ」として定着していましたが、あまりの過熱ぶりに徳川幕府から禁令が出たそうです。その後も特定の寺社にだけは社殿や庫裏の修繕費用調達方法として発売を許した、との記録が残っています。しかし、天保の改革(1842年)によって禁じられてから103年間、富くじは発売されませんでした。

　1945（昭和20）年7月、政府が軍事費の調達を図るため、「勝札」を発行しましたが、抽選日を待たずに終戦になり、皮肉にも「負札」と言われることに（終戦後に抽選）。その後、敗戦による激しいインフレ抑止のため「宝くじ」という名前で、政府第1回宝くじを発売することになりました。さらに戦災によって荒廃した地方自治体の復興資金調達を図る目的で、各都道府県が独自で宝くじを発売できることとなり、昭和21年12月に地方宝くじ第1号が登場しました。政府宝くじは昭和29年に廃止され、その後は地方自治体が発売する自治宝くじだけが残っています。

宝くじは全国都道府県と指定都市が発売

　私は勝手に「みずほ銀行(旧第一勧業銀行)」が発売元だと思っていましたが、地方自治体(全国都道府県と20指定都市)が総務省の許可を得て発売元となり、発売等の事務を銀行に委託しているのだそうです。銀行などが発売の事務を受託し、発売元(地方自治体)の定めた発売計画に従って、宝くじ券の図柄選定や印刷、売り場への配送、広報宣伝、売りさばき、抽せん、当せん番号の発表、当せん金の支払いなどを行います。収益金は抽せん会終了後、時効当せん金は時効成立後、それぞれ発売元である全国47都道府県および20指定都市へ納められます。そこまでが1回分の受託業務です。

　指定都市は20あり、地方自治法で「政令で指定する人口50万以上の市」と規定されている都市で、政令指定都市ともいいます。

知っトク!

指定都市
札幌、仙台、さいたま、千葉、横浜、川崎、相模原、新潟、静岡、浜松、名古屋、京都、大阪、堺、神戸、岡山、広島、北九州、福岡、熊本

宝くじが当たったら税金はかかるのか

　「宝くじの当選金に税金はかかるの?」これは実際、よくある質問のようです。宝くじの場合は、購入金額の大小に関係なく税金の対象外とされていますので、確定申告などの必要はありません。

　一方、高額配当が見込まれる競馬や競輪などの公営ギャンブルに関しては、50万円以上の利益が出た場合に、一時所得と見なされて確定申告が必要になります。次のような計算式で算出します。

一時所得の課税所得額　＝
(収入金額 － 収入を得るために支出した金額 － 特別控除額)×$\frac{1}{2}$

※収入を得るために支出した金額は、競馬の場合、当たり馬券を購入するために支出した馬券の購入金額。特別控除額は最高50万円。

ちょっと一言

巷ではいろいろ言われているようですが「収入を得るために支出した金額」に、外れ馬券の購入金額は含みません。

例：年間の払戻金収入が200万円で、当たり馬券の購入費用30万円の場合

$$(\underbrace{200万円}_{収入} - \underbrace{30万円}_{当たり馬券の購入費用} - \underbrace{50万円}_{特別控除}) \times \frac{1}{2} = 60万円$$

この金額　60万円　が一時所得として課税対象になります。

期待値（還元率）はどれくらい？

　気付けば、ドリームジャンボ、サマージャンボ、ハロウィンジャンボ、年末ジャンボなど、購買欲をそそられる宣伝を一年中やっている気がしますね。宝くじはどれくらい販売されていて、どれくらい還元されているのかも、気になるところです。

　令和4年度の販売実績額は、8,324億円、そのうち当選者に払い戻された金額は46.9％の3,904億円、収益金として全国都道府県及び20指定都市に納められて、公共事業等に支払われたのが36.7％の3,052億円、印刷経費、売りさばき手数料などが15.1％ 1,256億円、残りが社会貢献広報費です（この割合は年により変動します）。

　大ざっぱに言うと、還元率は半分弱、公共事業に回されるのが4割弱、事務手数料や広告費などの経費が15％というところでしょうか。ちなみに公営ギャンブル、競馬の還元率は70〜80％、競輪が75％。急速に増大中のサッカーくじは約50％で、所得税対象外です。

　また、興味深いのは管轄省庁です。宝くじが総務省、競馬が農林水産

省、競輪とオートレースが経済産業省、競艇が国土交通省、スポーツく じが文部科学省と、全て異なりますが、目的が地方財政の健全化や産業 の振興なのは共通。このあたりにも日本の経済構造の複雑さが表れてい ますね。

　街中でよく見るパチンコ・スロットは警察庁の管轄で、娯楽に分類さ れていて、法人税、事業税等が国県市などに入る仕組みです。ちなみ に2023年の市場規模は、パチンコ・パチスロ約14兆6,000億円、飲食等 17兆円弱、ゲーム・ギャンブル約11兆600億円、観光・行楽は、コロナ 禍の真っ最中のため約8兆5,000億円、趣味・創作は約7兆4,000億円、 スポーツ約4兆2,000億円、合計約62兆8,000円となっています（日本 生産性本部「レジャー白書2023」より）。

▎当たる確率は…天文学的数字？

　年末ジャンボなど1等の当選金が 億単位と大きな額のときは当選確率 が低くなります。1ユニット1,000 万本当たり、1等は1本だけなので、 1,000万分の1になります。1俵 （60kg）の米俵の中に赤いコメが一粒 だけあって、それを取り出す確率な どと聞いたことがありますが…。

　多くの人が前後賞を狙い、連番 やバラ、10本単位で購入するよう なのですが、それでも100万分の1 の確率。満員の観客数は、東京ドーム（約43,500人）や甲子園球場（約 47,500人）でしたが、切り上げて5万人と仮定すると、100万÷5万＝ 20、つまり、東京ドーム20個分の人数に対して、1人だけ当たるのと 同じ確率と考えれば想像しやすいでしょうか。

本当に誰か数えたの かは疑問だけど〜

ふぅ〜ん

宝くじを買うメリットは無限大!?

近年の宝くじの売上高、収益金の推移は次のとおりです。

	売上高	発売団体の収益金
平成17年度	1兆1,047億円	4,398億円
令和4年度	8,324億円	3,052億円
減少率	▲24.6%	▲30.6%

残念ながら、減少の一途をたどっています。宝くじの種類が多種多様になったのも売上高挽回を図ってのことではないでしょうか。魅力を感じなければ仕方ないですが、住んでいる地域の活性化のために役に立つと考えると、それはそれで有意義なことだと思います。

私は「○○地震被災者支援　宝くじ」などにはできるだけ貢献したいと考え、全額寄付のつもりで購入しています。「寄付」のつもり購入、皆さんもいかがですか?

なお、みずほ銀行宝くじ部によると、収益金は全国47都道府県と20指定都市での売上高に案分して分けられるそうなので、住んでいる自治体、応援したい自治体の宝くじを購入されることをお勧めします。ある意味、ふるさと納税に似ているところがありますね。

知っトク!

多種多様な宝くじの種類

年々ラインアップが増えている感がある宝くじ。どれを選ぶかも迷ってしまいますね。好きな数字を選ぶ「ロト7」「ロト6」、ミニロトと言われる「ロト5」、比較的少額当選金の「ビンゴ5」「ナンバーズ」などがあります。また、「スクラッチ」は、その場で結果がわかるので、手軽さがウケているようですね。

さらに会員登録することで、クレジットカード支払いが可能だったりネット購入ができたり、と購入方法も簡単・便利に変わってきています。また、従来型の宝くじは年1回、9月2日（くじの日）に宝くじのハズレ券が対象となる敗者復活戦があり、1万本に1本の割合で、豪華景品が当たります。見逃す手はありませんよ!

車は買う or 借りる どっちがおトク？

今度の家族旅行、
たまにはドライブもいいんじゃないかなあ？

そうね〜、でも2泊3日だとレンタカー代も
結構するんじゃないかしら。

お父さん、せっかく免許持ってるんだから、
車買っとけば良かったのに…。もう！

いや、いきなり怒られても。
でも、家族4人だから、移動だけなら安上がりかもなぁ。
だけど、駐車場代とかも考えると結局…どうなんだろう？

家族でドライブ、いいですね。
どっちがトクかちょっと考えてみましょうか。

日本車は国内だけでなく世界へ

　日本における自動車会社として100年を超える歴史を誇るのは、設立順に、ダイハツ、マツダ、スズキの3社です。20世紀初めの頃は、主として軽自動車や軽の三輪トラックなどを製造していました。

当時の日本はまだ舗装道路も少なく、高速道路もなかったんですよ。

　その後、現在の日産、トヨタ、ホンダなどが次々に参入、今では狭い国土に十数社がひしめき合う、世界でも類をみない自動車大国に成長しました。自動車産業は現代日本の基幹産業の一つで、輸送用機器の製造品出荷額等比率は主要製造業の中で19.5％（約1/5）を占めています。これは電気機器（12.8％）、一般機器（12.6％）、化学（9.5％）、鉄鋼（6.0％）、金属製品（4.8％）等を抑え、主要製造業の中でダントツになっています（2022年、総務省・経済産業省「経済センサス-活動調査」）。

　また、関連産業の推定就業人口は約550万人と、全就業人口の8％強（およそ12～13人に1人の割合）を占めています。さらに家族まで含めて考えると1,000万人を軽く超えていると推定され、自動車産業なしに日本の製造業を語れないほどにまで増大しています（総務省「労働力調査」〔2023年平均〕）。

　当初は海外からの輸入車（中古車）が主流でしたが、日本の自動車メーカーが独自の開発をして品質の良い製品を生み出していきました。本格的な量産体制に入った1960年代以降、今でも見かける多くの名車が次々と誕生しました。その後、顧客ニーズの多様化に対応して車種追加やオプションの充実により、付加価値の高い車を生み出し続けてきました。

かつてマイカーはステータスシンボルだった

　ある時期、マイカーはステータスシンボルとして不動の地位を築き、若者はカッコいい車、新しい車に魅了されるようになりました。そしてその期待に応えるように開発が進み、どんどん新型車が市場に投入されていきました。

　その後、自動車事故の社会問題化により、ABS（アンチロックブレーキシステム）をはじめとするブレーキの飛躍的な進歩、事故から乗員を守るモノコックボディー（フレームと車体の一体構造）、樹脂バンパーやエアバッグなどと共に、シートベルトの義務化など、時代の要請に応える形で技術面の研究開発や制度整備が進んできました。

例えば…
排ガスによる大気汚染が大問題に→排ガス基準をクリアした車以外には販売制限が
オゾン層破壊への影響が大問題に　→カーエアコンへのフロンガス注入禁止に
※日本の高い技術力で厳しい基準を乗り越えてきた経緯があります。

　21世紀に入ってエコカー全盛時代になり、ハイブリッド車や電気自動車、プラグインハイブリッド車、燃料電池車が政府の補助金政策の後押しを受けて、普及してきました。車種によっては1台200万円を超える補助金が受けられるものもあります。

マイカー派 vs レンタル派

　買うか借りるか。悩むところですが、自分にはどちらが合っているの

か、考える場合の参考に、メリットとデメリットを見てみましょう。

◆マイカー派vsレンタル派、メリット、デメリット概算比較表

	マイカー派	レンタル派
費用負担面	【初期投資】 ・車両&付属品費・登録諸経費 【毎年必要】 ・自動車税、任意保険料 【車検の都度】 ・車検費用・自賠責保険料 【必要に応じて】 ・燃料代　・駐車料金 ・維持費(オイル,タイヤ,部品等) ・金利負担(ローンの場合)	【初期投資】 ・会員登録料 【使用の都度必要】 ・月会費(必要な場合) ・利用料 (時間、距離スライド) ・燃料代(利用分) ・任意保険料
メリット	・希望どおりの車が選べる優越感 ・いつでも自由に利用可 ・必要機材等を積みっ放し可	・固定費不要なお気軽感 ・縛られない解放感
デメリット	・登録手続きが面倒 ・不使用でも一定額必要	・必要なとき、利用できない場合も
結論	仕事など使用頻度が多い人、子供や高齢者がいる大世帯、交通に不便な地域の居住者、カスタマイズ希望者向け	休日のみなど使用頻度が少ない人、単身者や少人数世帯、交通に便利な地域の居住者向け

※ライフスタイル(趣味など)、介護や経済状況など、その他の要素も勘案して総合的に判断しましょう。

若者の車離れが進んでいる!?

　さまざまなニーズに応えるため、レンタカー、カーシェア、サブスク(サブスクリプション)などのシステムが誕生しました。そこでZ世代の若者(18 〜 25歳)に人気の車のサブスク、カーリース、レンタカー、カーシェアを一般的なもので簡易比較してみました。利用を検討する際は、条件を十分確認しましょう。

◆色々な車の持ち方簡易比較

	サブスク(S)・カーリース(L)	カーシェア(C)・レンタカー(R)
契約	・3年、5年、7年から選択 ・個人的な信用が必要	会員登録(入会)＋月会費 ※月会費不要な場合も
予約	基本的に不要	その都度ネットなどでの予約が必要
メリット	・初期費用不要 ・月々の定額料金は比較的安価 ・借りっ放しなので、チャイルドシートなどの移動不要 ・人気車種の新車も ※(L)では中古車も多い	・数時間から数日、手元に置いておける ・利用の都度、使用分を支払う ・クレジットカード決済 ※(R)はお店から借りる ※(C)は他の人と車を共用
デメリット	・中途解約は違約金も ・車損傷で精算、解約も ・距離制限がある	・比較的短期間にて返却の必要あり

車の未来は明るい！
太陽光発電車、自動運転車、空飛ぶ車も！

　近い将来、新発想の太陽光発電車が実用化されると期待されています。よく見かける大型の太陽光パネルを車に搭載するのではなく、イメージとしてはクリアファイルのような薄型でフレキシブルな(曲げられる)太陽電池を車のルーフやボンネットに載せて発電して走行する車(ペロブスカイト太陽電池〔車〕)です。

　現在、ペロブスカイト太陽電池は日本の自動車会社が最も力を入れている動力システムの一つで、2030年を待たずに登場するのではないかと期待されています。ペロブスカイト太陽電池(車)とは、軽量フレキシブルな太陽電池を車体に搭載し、ごくわずかな太陽光でも発電して、動力に替えることができる自動車のことです。

　主原料が日本で産出できるメリットがある一方、まだまだ弱点もあるのでうまく弱点を克服すれば、日本が世界に先駆けて送り出すことが可能となるでしょう。自動車会社以外にも家電メーカー、化学メーカーなど各企業で研究を進めている有望株です(資源エネルギー庁)。

　サポカーや自動制御システム、自動運転車、さらには空飛ぶ車など

と、話題に事欠かない新しい分野。資源小国の日本ですが、ぜひ国際競争に打ち勝って車の未来を盛り上げてほしいものですね。余裕のある方は、日本人特有の横並び意識は捨て、どんどん新型車を購入し、研究開発費の後押しをしていただきたいものです。

平均速度の問題　行きはよいよい、帰りは…?

　多くの生徒がよく間違える問題に、平均時速を求める問題があります。「A地からB地まで120kmあります。行きは元気いっぱいなので急いで平均時速60kmで行き、帰りは少し疲れたので、ゆっくりと平均時速40kmで帰りました。さて、往復の平均時速は何kmになるでしょうか?」

　慌て者は、(60 + 40) ÷ 2 = 50より、50kmと即座に答えます。残念ながら、これは立派な間違いです!「え〜、何で?」と言う声が聞こえてきそうですね。平均時速は、往復の合計距離を行きの時間と帰りの時間の合計で割って求めます。

$$（平均時速）= \frac{往復の合計距離}{（行きにかかった時間 + 帰りの時間）}$$

それではこの問題で検証してみましょう。

　　往復の合計距離 = 120 × 2 = 240（km）

行きにかかった時間 = $\frac{120}{60}$ = 2（時間）

帰りにかかった時間 = $\frac{120}{40}$ = 3（時間）

　　（平均時速）= $\frac{120 × 2}{2 + 3}$ = $\frac{240}{5}$ = <u>48</u>（km）が正解です。

ところで、どうして帰りはゆっくり走ったの?

B地(ビーチ)で泳いで疲れたからですよ!

カーナビの基本原理は三平方の定理！

　今やほとんどの自動車についていると言っても過言ではないカーナビゲーション。ここにも中学数学で習う「三平方の定理（$a^2+b^2=c^2$）」が使われています。カーナビは、複数の通信衛星からの電波を利用しています。GPSはグローバル・ポジショニング・システムの略で、そもそも米国が軍事利用の目的で開発したものを、一般用に一部開放しているものです。

＊　　　　＊　　　　＊

(1) 通信衛星Aは地球からの高度があらかじめ分かっているので、衛星Aの真下の地点Oから車との距離（r_1）が求められます。衛星と車の距離は電波到達時間から算出します。三平方の定理により、車は地点Oを中心とする半径（r_1）の円周上にいることが分かります。

(2) 同様にして衛星Bと車との距離を調べることで車は、衛星Bの真下の地点Pを中心とする半径（r_2）の円周上にいることが分かります。すると、車は(1)と(2)、2つの円の交点にいることになります。交点は2つあるので、そのうちのどちらかまでは特定できません。

(3) さらに衛星Cと車との距離を調べることで車は、衛星Cの真下の地点Qを中心とする半径（r_3）の円周上にあることがわかり、この3つの円の交点が、車の現在地と分かるのです。

(4) このように車の現在地を求めますが、さらに正確さを追求して4つ目の衛星Dで位置を確認して誤差を縮小します。ただし、トンネル内や高架などの電波障害の基になるものがあるとGPSは機能しないので、他の方法も使って位置を特定するハイブリッド型が主流です。いずれも最新の地図情報が必要になります。スマホの位置情報も同じ理屈です。

知ってると何かトクしそうな数学の底力

4-1 時短できる！
合計値は？ 素早く計算！

う〜…。

おや、タツヤくん、何をうなってるんですか？

お父さんから頼まれたんだけど…町内会のお祭りでやった屋台の売り上げ。何個売れたか合計だけでいいから計算しといてって。足し算なんだけど、スマホがバッテリー切れでさ…。

計算が面倒だと…どれどれ。ジュースが3日間で98+102+115で…315ですね。

早っ！ 先生そろばんやってたの？

いいえ。実は、いい方法があるんですよ。いろいろな事例をあげて説明しましょうか。

数際に慣れよう！

プロ野球の一流選手でも、球場に来て最初にすることは軽く体をほぐす柔軟体操、軽いキャッチボールです。いきなりハードな練習などあり得ません。勉強も同じで、数学の勉強をするのなら、単純な頭慣らしの計算から始めましょう。机に向かってするのだけが勉強ではありません。自ら追い求めれば、題材は無限にあります。

どこかのお店の電話番号、通り過ぎた車のナンバーなど、4ケタの数字を見つけたら、加減乗除（＋、－、×、÷）して10になる計算を考えてみましょう。ルールは簡単で、順序を変えても、カッコを使ってもOKですが、それ以外の数学のルール（ルートや累乗など）は使えないということ。すぐにできることもあれば、なかなかできないこと、場合によっては全くできないこともあります。すぐにできた場合には、続いて10以外の1～9になるように考えてみましょう。

じゃあ これはどうなる？

次の4つの数字を使い、答えが1～10になるような計算式を考えてみましょう。

$$2 \quad 5 \quad 6 \quad 8$$

【正解は…】

$1 = 5 + 6 - 2 - 8$　　　　$2 = 8 \div (2 \times 5 - 6)$

$3 = 6 \div (2 \times 5 - 8)$　　$4 = 6 \div (8 - 5) + 2$

$5 = 2 \times 5 \div (8 - 6)$　　$6 = 6 \times (5 - 8 \div 2)$

$7 = 5 \times 6 \div 2 - 8$　　　$8 = 8 \times (2 + 5 - 6)$

次ページへ続く↗

続き↘

$9 = 6 × (8 - 5) ÷ 2$ $10 = (8 + 2) × (6 - 5)$

※答えは1つとは限りません。計算が合っていればOKです。

> **ここが目のつけどころ！**
>
> 計算の順序は、①カッコの中、②乗除（×、÷）、③加減（＋、－）。
> 【例】　$6 × (5 - \underline{8 ÷ 2})$
> 　　　　　　　　①
> 　　　　　　①の中の③より②を先に！

任意の4つの数で1～10を作る

　任意の1ケタの自然数（＝正の整数）を4つ選び、答えが1～10になるように考えてみましょう。

　　　□　　　　　□　　　　　□　　　　　□

1 =　　　　　　2 =
3 =　　　　　　4 =
5 =　　　　　　6 =
7 =　　　　　　8 =
9 =　　　　　　10 =

時々こんな問題もありますが…
「3」「3」「3」で「11」を作る
　➡正解例は、33÷3＝11
ここではこれは反則です（笑）。

※各数字は、1ケタの数として考えるルールです。

合計値を素早く計算する…仮平均…

　計算に慣れたら次は簡単な足し算です。Aさんの模擬試験の点数は、英語73点、数学68点、国語72点、理科81点、社会61点でした。Aさんの5教科の合計点を計算してください。そろばんのできる人ならわけない計算でしょうが、この後説明するのは、そろばんのできない人のための「工夫して計算力をつける」手法です。

　実は私もそろばんができません。何とかして速算力を身に付けたいと考え、数多くの速算術の本を読みました。確かに面白くて、簡単にできるのですが、3日もすると忘れてしまい、いざというときに全く役立ちません。何とかならないものかと模索した結果、「工夫して計算力をつける」（塾のオリジナル教材です）を作成して、定着させることに成功しました。

Aさんの5教科の合計点は…

　中学1年になると正負の数（プラス、マイナス）を習います。そして、正負の数の応用として「仮平均」の問題が出てきます。

①単位を外して数字だけで考えると

　$73 + 68 + 72 + 81 + 61 = ?$

②70点前後の点数が多いので、仮平均を**勝手に70点と定める**と

　　　　　　　　　　　　　　　　　　↑ここが大事

　$73 + 68 + 72 + 81 + 61$

　$= (70+3) + (70-2) + (70+2) + (70+11) + (70-9)$

　$= (3-2+2+11-9) + 70 \times 5$

　　と置き換わり、

　$= 5 + 350$

　$= 355$（点）

と求められるのです。

> 簡単な足し算、引き算と掛け算になった！　これなら、サクッと答えが出せるよ。

仮平均の練習問題をやってみよう

　合計値を求めるには、基準値の値を決めて計算すると便利です。その基準値のことを仮平均と言い、データ全体を眺めて、「多分、平均はこのくらいだろう」と計算しやすそうな数値を勝手に選んで決めるのです。前ページAさんの例で言うと、

　①仮平均を（計算しやすそうな数値）70に定め、

　②（3−2＋2＋11−9）の部分だけ計算する。

比較的小さな数字が多いので、暗算でも計算できそうですね。その後、

　③（仮平均）×（データ数）　を加算する。

これで合計値が計算できます。

　仮平均の問題も、練習を積めば暗算でもできるようになります。

【仮平均の練習問題】

　次の表は市内の中学校4校の生徒数です。

学校名	東中学校	西中学校	南中学校	北中学校
生徒数	311 人	289 人	294 人	302 人

（1）仮平均を使って合計人数を求めるとき、仮平均を何人に定めればいいでしょうか。次の中から選びましょう。

　ア）311人　イ）289人　ウ）294人　エ）302人　オ）300人

（2）4校の合計生徒数は何人でしょうか。

【解説】

（1）計算しやすそうな 300 人を仮平均とします。　答え　**オ）300 人**

（2）（11 − 11 − 6 + 2）+ 300 × 4 =（− 4）+ 1,200

　　　　　　　　　　　　　　　　= 1,196　　答え　**1,196 人**

【基準値から合計数を求める問題】

　コンビニで、1週間に売れるメーカー B 社の缶コーヒーの本数を調査しました。1日100本を基準にしたところ、結果は、次の表のようになりました。

曜日	月	火	水	木	金	土	日
基準との差	+2	-4	+5	+10	-9	+12	-2

（1）各曜日、それぞれ何本売れたでしょうか。

（2）この1週間の缶コーヒーの総販売数は何本でしょうか。

【解説】

（1）
曜日	月	火	水	木	金	土	日
販売数（本）	102	96	105	110	91	112	98

（2）この問題では仮平均を100本と考えて、その差を調査しているので、基準との差を、そのまま計算しましょう。

$(2 - 4 + 5 + 10 - 9 + 12 - 2) = 14$

$14 + 100 \times 7 = 714$

答え　**714本**

【仮平均を求める問題】　※逆に考えてみると…

次の表はＣさんのテストの得点と基準にした得点（仮平均）との違いを表しています。5教科の得点の平均点は79点でした。基準にした得点（仮平均）は何点だったでしょうか。

教科	国語	数学	英語	理科	社会
基準にした得点との差	-4	+5	-6	+2	-2

【解説】

基準にした得点（仮平均）との差を5教科分合計します。

$-4 + 5 - 6 + 2 - 2 = -5$

これを教科数の5で割ります。　$(-5) \div 5 = -1$

仮平均を x 点と考えると、その差は -1 ですから、$x - 1 = 79$。

$x = 79 + 1 = 80$　となります。

答え　**仮平均は80点**

いろいろなパターンに慣れておくと、何かと便利ですよ！

データや情報の トリックにだまされない！

 え〜と、これが商品説明でしょ。で、これが値段で…。

 あれ、アンナどした？ 眉間にしわ寄せちゃって。

 話題のコスメがおトクに買えるっていうサイトがあるんだけど、「買うんなら、きちんと確認してからにしなさい」ってお母さんが。

 そうだな。いろんな落とし穴があるから気を付けてって、グッチ先生も言ってたぞ。

 でも、字がびっしり〜 もう嫌になってきた〜。
お父さん読んでよ〜。

 えぇ〜っ!?

合計値と平均値

「Aさんの模擬試験の点数は、英語73点、数学68点、国語72点、理科81点、社会61点でした。5教科の平均点は何点でしょうか」このような問題は、次のように考えます。

①仮平均を使って（P151）、合計点を出す。　　合計点　355点

②（平均値）＝ $\dfrac{個々のデータの値の合計}{データの個数}$

これにAさんの点数をあてはめると、

（平均点）＝ $\dfrac{73 + 68 + 72 + 81 + 61}{5} = \dfrac{355}{5} = 71$

このように、Aさんの5教科の平均点は、71点と求められます。

また、平均と関連する関数の問題に、「中点Mの座標を求めよ」があります。

例えば、点A（2，2）、点B（6，8）の場合、x座標をそれぞれ足して2で割り、y座標もそれぞれ足して2で割ればいいのです。

つまり、中点M（ $\dfrac{2+6}{2}$ ，$\dfrac{2+8}{2}$ ）

➡　M（4，5）　となります。

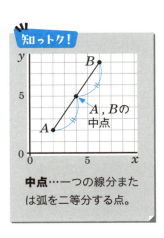

知っトク！

中点…一つの線分または弧を二等分する点。

老後資金3,000万円問題!?

老後資金3,000万円問題というのを聞いたことがありますか？ 人生100年時代を生き抜くには、およそ3,000万円の資金が必要との報道がありました。しかし、厚生労働省（以下、厚労省）の2007（平成19）年調査では、全

年齢層の平均金融資産貯蓄額は1,143.0万円。年齢層別では60代1,539.0万円、70歳以上は1,295.6万円、65歳以上は1,334.4万円でした。

　どの年代も3,000万円台に達していません。多くの人は不安を感じたのではないでしょうか。同年の厚労省の国民生活基礎調査でも、貯蓄額3,000万円以上の世帯は、全世帯で9.0％、高齢者世帯は10.9％でした。これでは9割前後の人々が老後の生活資金を賄えず、生活保護などが必要な人も出てくるだろう、と推測されます。

　日本では、金融資産貯蓄額1億円以上の富裕層が約３％、平均2億円であると仮定し、全住民数を100人と置き換えると、

　　富裕層3人の貯蓄合計額　　2億円×3人＝6億円

　　全住民の貯蓄合計額　　　　1,143万円×100人＝11億4,300万円

全住民の合計額から富裕層の合計額を差し引き、残りの97人で割ると、

　　（11億4,300万円－6億円）÷97≒560万円。

富裕層を除く平均貯蓄額は半分以下になってしまう計算です。

　一人一人のライフスタイルは異なりますし、考え方もさまざまでしょう。平均額にこだわり過ぎる必要はないのではないでしょうか。

カタログデータを疑え

　どんなに立派な商品にも必ず欠点はあるはずですが、大抵のカタログには、注意事項は書いてあっても欠点は書いてありません。また、検査の数値は最良の状態での検査データがほとんどです。例えば、自動車の燃費効率ですが、カタログデータでは15.0㎞/Lとなっていたのに、実際に使用すると、10㎞/L以下だった、などはよくある話です。カタログデータ測定は、付属品をほとんど装着しない身軽な状態、しかも障害物のない平らな道を、標準体重の運転者1人が乗車したときのデータ。一方実際に使用する場合は1人ではなく家族全員が乗り、しかもさまざまな付属品満載。カタログデータより劣って当たり前なのです。その後、10モード燃費やWLTCモード燃費で表されるようになりましたが、それでも実燃費とは結構な落差があるようです。

「利用者の○○％が満足」のような広告もよく見かけますね。実際には売らんがために少ないサンプル数（母集団）を切り貼りしているものが多いようです。他社商品との比較グラフで評価にあまり差がない場合には、違いを際立たせるため、二重の波線で都合良く抜き取り、差異の部分を著しく強調しているケースも散見されます。

商品を選ぶ際には、グラフなどのデータを読み取る力も要求されますね。

コンプライアンスとPL法

ここ数年、名だたる日本の一流会社でもデータ改ざんが発覚、監督官庁から行政処分を受けました。企業名は伏せますが、ブレーキ・サスペンション・エンジン効率・排気ガス・品質検査・不正品出荷・杭打ち工事・地盤改良工事・火災報知器・金属加工品など、数えればきりがありません。

日本の技術力は世界一、と言われた時期もありました。しかし、緊張感が薄れ「みんなで渡れば怖くない」と業界内での横並び意識や、談合などの企業文化もあるようです。これからの時代はさらに法令順守（コンプライアンス）で襟を正していただきたいものです。

政府は消費者基本法で国や自治体等の責任の所在を明確にしました。食品や生活用品の安全基準、消費者契約法で悪質商法を規制、製造物責任法（PL法）で商品の欠陥についての責任の所在、消費者の保護と救済に努力しています。また商品選択の目安となる、エコマーク、SGマーク、グリーンマークの認証なども制定しています。

小 噺

沈む豪華客船にて…

海に飛び込ませる言葉は？
米国人「飛び込めば英雄ですよ」
英国人「飛び込めば紳士です」
イタリア人「飛び込めばもてますよ」
ドイツ人「飛び込む規則です」
フランス人「飛び込まないでください」
日本人「皆さん飛び込んでいますよ」
➡横並び意識の強い日本人。
（参考：早坂隆『世界の日本人ジョーク集』）

クーリング・オフ

　以前、派手な宣伝を繰り広げていた英会話教室が、無理やり高額な受講料にローンを組ませる商法が大問題になりました。その結果、消費者保護の観点から、特定商取引法（特商法）が作られました。

契約期間が一定期間を超え、契約金額も一定金額を超える塾予備校やPC教室、外国語教室は、契約書作成日を含め8日間以内であれば、書面による取り消し（クーリング・オフ）ができるようになりました。さらに個別の契約内容にかかわらず、中途解約の申し出は電話でいい業種もあり、解約申出日以降の受講料は、返金に応じるように法整備されました。
※業種により、期間や金額が異なります（参考：消費者庁HP）。

　しかし、残念ながら消費者が知らないだろうと考えて、「手続きに時間がかかる」など言葉巧みに取り消しや解約に応じないケースも多いと漏れ伝わってきます。「おかしいな」と思ったら、ためらわず下記に相談するとよいでしょう。

☎１８８（いやや）「消費者ホットライン」（消費生活センター）

「知っていれば、回避できた損」をしていませんか？興味のある方は、「特定商取引法」を検索して、確認してみてください。

【例】　月末に翌月分受講料3万円を支払っている場合

	月末に解約を申告	翌月分負担額
特商法の存在を知っている	翌月分返金を交渉可能	0円
（同）知らない	言われるままに納入	30,000円（以降も継続）

通信販売、継続購入のトリック

電話による勧誘も多いですが、留守番電話など録音機能のある電話機で対応されることをお勧めします。ちなみに私の所にも売り込み電話が頻繁にかかりますが、「どなたかのご紹介ですか？」と必ず聞きます。紹介でない場合には、「必要ありませんので、切らせていただきます」と言って訓練された応酬話法を聞く前に、一方的に電話を切っています（笑）。

最近では、インターネットによる悪徳商法も目に余ります。お試し購入のつもりが、定期購入に導かれて、翌月以降も商品が送り届けられ、しぶしぶ代金を支払うケースもあるようです。ネットだけで契約を完結させるのではなく、疑問点に関しては必ず電話で確認を取っておきましょう。電話番号を記載していない業者などは論外！ 接触は避けるのが賢明です。

電波時計の怪!?

ある家電量販店に、目覚まし時計を買いに行きました。電波時計を探していたのですが、売り場の時計がすべて微妙に異なる時刻を指しています。店員さんに、「電波時計なのにどうして違うんですか？」と聞いても、納得のいく説明が返ってきません。すっきりしないながらも、どうしても必要なので一つ買って帰りました。家に着いて説明書を取り出して見ると、窓際など電波の届く場所に置いてくださいと書かれていました。売り場はビルの中の電波の届かない場所だったのでした!!

〜以上、〜以下、〜から、〜まで

　5年ほど前のことです。家族で遊園地に行ったアンナさん。ジェットコースターに乗ろうとすると、「身長140㎝未満のお子様は乗れません」と書いてありました。そのときの身長は、アンナさん163㎝、タツヤくん140㎝。「タツヤは乗れるの？ 乗れないの？ 微妙…」と思ったアンナさんは、諦めてしまいました。

＊　　　　＊　　　　＊

　このように、〜未満や〜より大きいなど、日常生活ではその数が含まれるのか含まれないのか、判断に迷うことがあります。限度や限界を示す言葉は他にもたくさんありますね。〜以上、〜以下、〜超、〜に満たない、〜を超える…等々です。

　言う側が「含まない」つもりで言っているのに、聞く側が「含む」つもりで受けたのではお話になりません。そこで数学では、明確なルールを設けているのです。これからはもう悩まなくても大丈夫。次の4つだけ覚えてください。

　その数を含むのは「以上」、「以下」、「から」、「まで」のたった4つです。他の表現は、その数を含まないので、この4つを覚えましょう。

※〜以外、〜以北など「以」のある表現は全てそれ自身を含みます。

【例1】　①1以上2以下　②3から4まで　③5より大きく6未満　④7超

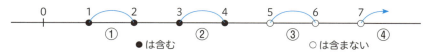

【例2】
・選挙権は18歳から　　➡　18歳ちょうどの人は選挙権あり。
・1,000円以上　　　　➡　1,000円は含みます。
・60点よりいい　　　　➡　60点は含みません。

> コラム

【単位換算】時間と速さ

　時間は60進法なので、単位を間違う人が意外に多いです。ここで確認しておきましょう。

時間	分	秒
1時間	60分	3,600秒（＝60×60）
1/60時間	1分	60秒
1/ 3,600時間	1/60分	1秒

　次は、時速 ⇔ 分速 ⇔ 秒速 の換算です。

○時速36kmとは、1時間に36km進む速さのことで、言い換えると60分に36000m進む速さのこと。分速に換算するには、

　60分÷60＝1分より、36,000m÷60分＝600m/分

　となり、

　時速36km＝分速600m

○分速600mとは1分間に600m進む速さのことで、言い換えると60秒で600m進む速さのこと。秒速に換算するには、

　60秒÷60＝1秒より、600m÷60秒＝10m/秒

　となり、

　分速600m＝秒速10m

○時速36km＝分速600m＝秒速10m　同じ速さです。

（秒速）×60秒 ＝（分速）

（分速）×60分 ＝（時速）

4

知ってると何かトクしそうな数学の底力

計算は工夫次第

タツヤ〜。この間買ったゲーム貸して〜。
ゲッ！ 何夢中になってんのかって思ったら数学ドリル？
信じられない！！

え？ はまると結構楽しいよ。サクサク進むし。

いちいち面倒くさかった思い出しかない…。
楽しい要素なんかあったっけ。

いや、この数式の中にちょっとした気付きがね…。
おっ？ とか、何だこれじゃん！ とか。

おや、タツヤくん、その面白さに気付きましたか！
楽しいですよねぇ。同志の匂いがしますよ！

リカイフノウデス…。

計算順序の工夫その① 足し算、引き算

算数や数学は、1に正確さ、2にスピードです。計算順序を工夫するだけでも計算が速くなります。まずは、ノーヒントで計算してみてください。

$$7 - 25 + 45 =$$

説明の前に、計算順序のルールをおさらいしておきましょう。

ここが目のつけどころ！

計算の順序　①累乗（○の○乗）　②カッコの中　③乗除（×、÷）
④加減（＋、－）　　⑤左から右へ

この順序がきちんと守られていれば、④の加減同士は、順序を変えてもOKです。
先ほどの問題ですが、順番どおりに計算するとこうなります。

$7 - 25 = -18$
$-18 + 45 = 27$　　　答え　27

では、次の計算とどちらが速いか、考えてみてください。

$7 + 45 - 25 = 7 + (45 - 25)$
$= 7 + 20$
$= 27$　　答え　27

明らかに後の方が速いと思います。わざわざ複雑な計算を重ねるのではなく、簡単な計算になるように工夫をすると楽なのはもちろん、間違いも少なくなりますよ。

$$○ - □ + △ = ○ + (△ - □)$$

どのようにまとめれば、計算が楽になるか、工夫してみましょう。

計算順序の工夫その② 掛け算

次は掛け算です。まずは、ノーヒントでどうぞ。

$$9 \times 4 \times 5 =$$

この計算も、順序を工夫すれば簡単になります。

i) $9 \times 4 = 36$
　　$36 \times 5 = 180$　　　答え　180

ii) $4 \times 5 = 20$
　　$9 \times 20 = 180$　　　答え　180

明らかに、ii) の方が簡単だと思います。i) では最初の計算結果が36。私は、計算を速く正確にするコツは、「数字を大きくしないこと」と考えていますが、全体を見渡して、数字が大きくはなっても 20 のように、一の位に 0 があるような簡単な数字を探し出します。

このような習慣をつけると計算が正確で、速くなります。

$$\square \times \bigcirc \times \triangle = \square \times (\bigcirc \times \triangle) \text{ あるいは } (\square \times \triangle) \times \bigcirc$$

どのようにまとめれば、計算が楽になるか、工夫してみましょう。

計算順序の工夫その③ 割り算

最後に割り算ですが、単順な割り算だけの問題は比較的少ないので、割り算と掛け算との混合問題の工夫です。まずは、ノーヒントでどうぞ。

$$9 \times 7 \div 3 =$$

この計算も、順序を工夫すれば簡単になります。

$9 \times 7 \div 3 = \underline{9 \div 3} \times 7$
　　　　　$= \underline{3 \times 7}$
　　　　　$= 21$

164

工夫次第で計算が楽になることを、しっかり覚えておきましょう。

$$□ × ○ ÷ △ = □ × (○ ÷ △) \text{あるいは} (□ ÷ △) × ○$$

ここが目のつけどころ！

【よくある間違い】 $□ ÷ ○ × △$ の計算では、÷ の後ろの ○ だけが分母になります。

$$□ ÷ ○ × △ = \frac{□ × △}{○} \text{が正解。}$$

$$\frac{□}{○ × △} \text{は間違い。} (□ × \frac{1}{○} × △ \text{だから})$$

計算順序の工夫その④ 掛け算、割り算混合の応用

今度の計算は、乗除（×、÷）の応用です。これまでの掛け算、割り算と違って、数字が隠れていて、すぐには分からないケースもあります。高度な工夫が必要で、（素）因数分解などで工夫する計算法です。分数の計算では、途中で約分をしますが、それと同じ理屈です。

$16 × 18 ÷ 12 = (4 × \underline{4}) × (\underline{\underline{3}} × 6) ÷ (\underline{4} × \underline{\underline{3}})$ と変形して、

$\qquad = 4 × 6$（下線のない数字同士）

$\qquad = 24$

記号で書くと次のとおりです。

$$(□ × ○) × (△ × ◎) ÷ (□ × ◎) = ○ × △$$

※全て、うまく割り切れるとは限りません。少し難しいと感じたら、分数にして計算するのが得策です。

$16 × 18 ÷ 12 = \dfrac{16 × 18}{12}$　　　まず分母分子を4で割って、

$\qquad\qquad = \dfrac{4 × 18}{3}$　　　次に分母分子を3で割ります。

$\qquad\qquad = 4 × 6 = 2 4$　　　※3と4は逆順でも OK です。

計算の工夫その⑤ 和と差の積は平方の差

中学3年で、式の展開として、次の公式を習います。

$$(a + b)(a - b) = a^2 - ab + ab - b^2 = a^2 - b^2$$

これを計算に応用すると、計算が簡単になることが多いです。例えば、102 × 98 は、102 = 100 + 2、98 = 100 − 2 と考えると、

$$102 × 98 = (100 + 2) × (100 - 2)$$
$$= 100^2 - 2^2$$
$$= 10,000 - 4$$
$$= 9,996 \quad と簡単に求められます。$$

「和と差の積は平方(2乗)の差」は、いろいろな計算で当てはまるので、応用が利きます。

$$73 × 67 = (70 + 3) × (70 - 3)$$
$$= 70^2 - 3^2$$
$$= 4,900 - 9$$
$$= 4,891 \quad となります。$$

展開(公式の逆〔因数分解〕)も覚えておくと便利です。

$$a^2 - b^2 = (a + b)(a - b)$$

$$87^2 - 13^2 = (87 + 13) × (87 - 13)$$
$$= 100 × 74$$
$$= 7,400$$

> 計算のコツをつかんでしまえば、
> 簡単になるし、速く解けるし。
> 解くのが楽しくなってきませんか？

じゃあ これはどうなる？

少し練習してみましょう。

① $8 - 28 + 39 =$

② $9 \times 8 \times 5 =$

③ $9 \times 7 \div 3 =$

④ $18 \times 24 \div 36 =$

⑤ $18 \times 2 \times 5 =$

⑥ $5 - 7 + 17 =$

⑦ $72 \times 68 =$

⑧ $26^2 - 24^2$

≪考え方のヒント≫

①	$39 - 28 + 8$	と順序を変えます。
②	8×5	を先に計算します。
③	$9 \div 3$	を先に計算します。
④	$36 = 6 \times 6$	と置き換えます。
⑤	2×5	を先に計算します。
⑥	$-7 + 17$	を先に計算します。
⑦	$(70 + 2)(70 - 2)$	と置き換えます。
⑧	$(26 + 24)(26 - 24)$	と置き換えます。

【正解は…】

① 19　　② 360　　③ 21　　④ 12　　⑤ 180　　⑥ 15

⑦ 4,896　　⑧ 100

4

知ってると何かトクしそうな数学の底力

数字のカンマ（,）はなぜ3ケタ刻み？

お笑いグランプリの優勝賞金は500万円だって！

すげー！！

2人で挑戦してみる？

それもいいかも、しかし500万円って何で、5,000,000円って書くの？
500,0000円（ごひゃくまんえん）の方が分かりやすくない？

それはね、黒船の来航が関係しているんだよ。

黒船なら知ってる！ ペリーが来たやつでしょ…？
どういうこと？

168

開国したら分かった！日本と西洋っていろいろ違う

1853年7月8日、ペリーの黒船が浦賀にやって来ました。当時の日本は江戸時代。鎖国をしていたため、幕府はもちろん、日本中が「開国だ！」いや「攘夷だ！」と上を下への大騒ぎになりました。幕府のあまりの慌てぶりを皮肉って、「泰平の　眠りをさます上喜撰　たった四杯で　夜も寝られず」、上喜撰（お茶の銘柄）を4杯飲んだ（蒸気船が4隻来た）せいで、夜も眠れないという意味の狂歌もはやったそうです。

おいしいからってお茶を飲み過ぎたら、カフェインの作用で眠れなくなっちゃったのね。

狂歌…社会風刺や皮肉、笑いを盛り込んだ短歌のこと。

　紆余曲折の末、開国に踏み切って諸外国との貿易が始まり、次第に盛んになっていきました。ところが、いざ取引が始まると、日本と諸外国とで、引き渡し日や代金の決済日にズレが生じるトラブルが起こります。原因は、日本は太陰暦（旧暦）、アメリカやヨーロッパ（西洋）では太陽暦（新暦）という、暦の違いでした。

　これではまずいと考えた政府は、1872（明治5）年から太陽暦を採用することにしました。同じ頃に採用されたのが、西洋式の「複式簿記」です。取引の内訳や理由なども記載する複式簿記は、記入は複雑ですが、集計も同時にできるという利点がありました。

それまでの日本の商取引で一般的に使われていたのは、金銭の出入りのみを記載する「単式簿記」でした。商家でつけていた大福帳がそうですね。

記載には、西洋数字を使います。西洋数字は、千（thousand）、百万（million）、十億（billion）と３ケタ刻みで繰り上がります。繰り上がるところで「,」をつけるため、３ケタ刻みになっているというわけです。

日本の数字は、千、万、億、兆と４ケタ刻みで単位が繰り上がります。見慣れていないと混乱してしまうかもしれませんね。

大福帳…商家などで使われていた大福帳は、「いつ、誰と、いくら」を記録したもの。

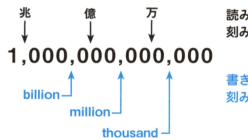

読み方は日本式。４ケタ（０ 4つ）刻みで繰り上がる。

書き方は西洋式。３ケタ（０ 3つ）刻みで繰り上がる。

ちなみにこの「,」、中学までの義務教育では、どんなにケタ数が多くても、つけることはありません。また、千円札や五千円札、一万円札にもついていないのはご存じでしたか？

※本書では、原則「,」をつけています。

簿記とはお金や物の出入りを記録する方法のことで、bookkeepingを和訳したものです。

じゃあ これはどうなる？

次の空欄を埋めてみましょう。

	書き方（西洋式）	読み方（日本式）
①		3百4十5万4千3百
②		6億7千8百9十2万
③	1,234,567,080,000	
④	7,654,200	

【正解は…】　①3,454,300　②678,920,000

　　　　　　③1兆2千3百4十5億6千7百8万

　　　　　　④7百6十5万4千2百

倍数の見分け方

2の倍数：一の位の数が偶数（0も含む）の数字
3の倍数：各位の数字の和が3の倍数の数字
4の倍数：下2ケタの数字が4の倍数の数字
5の倍数：一の位の数が0または5の数字
6の倍数：2の倍数かつ3の倍数の数字
8の倍数：下3ケタの数字が8の倍数の数字
9の倍数：各位の数字の和が9の倍数の数字
10の倍数：2の倍数かつ5の倍数の数字
　　　　　（一の位の数が0の数字）

数字を丸める、丸い数字って？

普段の生活では、そんなに大きな数字は使わないかもしれません。しかし、ニュースで出てくるような会社の業績や決算、各種の統計データでは、千円単位や百万円単位で数字を読む場合が多いです。また、四捨五入や切り捨てにて表現する（丸める）ことも多いので、千円単位や百万円単位、億円単位の集計に慣れておくと理解しやすいでしょう。

> 例えば……
> ① 5400000 円を、千円単位で表しなさい。
> ➡ 0 を 3 つ（000）取って、3 ケタで区切ります。
> 5,400 千円と書き、5 百 4 十万円と読みます。
> ② 5400000 円を、万円単位で表しなさい。
> ➡ 0 を 4 つ（0000）取って、
> 540 万円と書き、5 百 4 十万円と読みます。

また、会社などのビジネスシーンや個人でも年収などには端数(はすう)が生じます。決算や確定申告などでは、細かい数字まで必要ですが、大まかに伝えればいい場合には、
　○年間売上高　　　　　　➡　　億円単位
　○個人の年収や預金額など　➡　　百万円単位
で表すことが多いです。ビジネスで大きい数字を読む場合、「丸い数字で」や「数字を丸めて」などと言うことがあり、四捨五入や切り捨てにて表します。

端数がない数字にすることを「丸める」、それでできた数字が「丸い数字」ね！

じゃあ これはどうなる？

下の数字はお父さんの会社の売り上げ等の実績です。四捨五入して百万円単位に丸めて、（日本式に）読んでみましょう。

① 昨年度の売上高合計　　　　　　　　　　123,456,789円
② 同上、平均月商（1か月の売り上げ）はおよそいくら？
③ 売上原価（仕入れ額と製造原価の合計）　72,234,567円
④ 売上総利益　　　　　　　　　　　　　　51,222,222円

【正解は…】

① 1億2千3百万円
② 1千万円
③ 7千2百万円
④ 5千百万円

> **知っトク！**
>
> **売上総利益**…売上総利益は、売上高から売上原価を差し引いた額のこと。粗利（益）とも言われ、営業活動でのもうけを表します。

0÷1＝？　1÷0＝？　0÷0＝？

0÷1＝A、1÷0＝B、0÷0＝C とした場合、A、B、Cはそれぞれいくつになるでしょうか？

6÷2＝3を逆算すると、2×3＝6となりますよね。そこで、①A×1＝0よりA＝0。②B×0＝1は、0に何を掛けても0ですから、Bになる数字は存在しません【不能】。電卓ではE（エラー）表示。③C×0＝0は、0に何を掛けても0ですから、Cになる数字は無数にあります【不定】。電卓ではE（エラー）表示となります。

【単位換算】百分率、割合、歩合

　百分率、割合(小数)、歩合(割分厘)の関係は下表のようになります。掛け算の九九のようにすぐに出てくるまで、練習しましょう。

> 「％」はper (〜につき)、cent (100分の1)を表し、
> 5％は100分の1 (0.01) について5 (つ分) の意味になり、
> 0.05となります。

百分率(%)	割合(小数)	歩合(割分厘)
100%	1	10割
20%	0.2	2割
3%	0.03	(0割)3分
0.4%	0.004	(0割0分)4厘

※全体を「1」とする、数学独自の考え方があります。
【例】
3割引を小数に ➡ 0.3 減ることなので、1 − 0.3 = 0.7
20％増を小数に ⇨ 0.2 増えることなので、1 + 0.2 = 1.2
他にも

24%減少して	➡ 0.24 減少すること	1 − 0.24 = 0.76
2割値段を引いて	➡ 0.2 減少すること	1 − 0.2 = 0.8
25%増加して	⇨ 0.25 増加すること	1 + 0.25 = 1.25
3割の利益を見込んで	⇨ 0.3 増加すること	1 + 0.3 = 1.3
半額になって	➡ 0.5 減少すること	1 − 0.5 = 0.5
40% OFF	➡ 0.4 減少すること	1 − 0.4 = 0.6

この関係をしっかり確認しておきましょう。

【単位換算】％と‰（パーミル）

　％（パーセント）は100分の1に対してどれくらいかを表しますが、鉄道好きの方は‰（パーミル）という単位を聞いたことがあるでしょう。
　‰は1000分の1に対してどれくらいあるかを表します。
　日本一の急勾配といわれた群馬県と長野県の県境の碓氷峠（信越本線が運行していたが北陸新幹線開業とともに廃線）は、最大勾配が66.7‰あったそうです。
　急勾配のために、特急「あさま」12両編成を動力車2台で後押しして登らなければなりませんでした。確実に登り切るために短い車両を使用していましたが、全長240mあった連結の最後尾が勾配に差し掛かったとき、先頭との落差は約16m。ビルの5階に相当する高さだったといいますからすごいですね。今では線路跡を歩く廃線ウオークの名所として、峠の釜めしと共に有名になりました。
　1000分の66.7は％に換算すると6.67％になります。実は車イスに乗って自力で登ることができる勾配の限界は1/12とされていて、これは12m進むと1m上がることを意味します。％に換算すると約8.33％。すると、「車イスで碓氷峠以上の勾配を登れるぞ！」ということになるのでしょうか…。

数字の上では…ただし、体への負担を軽減するためには、6.7％以下にするのが望ましいとされています。

4　知ってると何かトクしそうな数学の底力

1mはどのようにして決まったのか？

4-5 距離が分かる！

 いよっし！ ファーストダウン獲得だ！

 なになに〜。アメフト？ ファーストダウンって？

 攻撃側が10ヤード進むことだよ。

 10ヤード？ メートルじゃないの？
そういえば、メートルってどうやって決めた単位？
世界共通じゃないの？

 もうアメフト関係ないじゃん…（試合に集中したいんだけどな）。
あっグッチ先生、いいところに！

 はい。お任せください。アンナさんの疑問は私が引き取りましょう。

長さの単位は千差万別

世界には多くの国があり、各地で思い思いの単位が使われていました。例えば、米英ではヤード・ポンド法、日本は尺貫法といった類です。長さでもヤード、フィート、インチ、マイル、海里、尺、里などがあるのは、皆さんも聞いたことがあるでしょう。19世紀ごろまでは世界統一の単位がなく、貿易関係者は不便な思いをしていました。

そこでフランス人が、世界統一の単位を作ることを提唱し、北極点から赤道までの子午線の弧の長さの1,000万分の1を1mとすることになりました。フランスの首都パリを通り、北端の都市ダンケルクとスペインのバルセロナ間（後述）の距離を、経線沿いに徒歩にて三角測量で測り、その結果か

ら北極点から赤道までの距離を算出して1mが決まったのです。

そのため北極点から赤道までの距離は1,000万mになり、これは地球を完全な球体と考えると円周の4分の1弧なので、赤道のまわりは4万kmとキリのいい数字になるのです（前項 **2-1** 参照）。

※実際には完全な球体ではないので、多少の誤差があります。

経度と緯度

日本の標準時は、兵庫県明石市にある東経135度を基準に定められています。世界標準の経度0度は、イギリスのグリニッジ天文台（※現在は移転して天文台跡）を通っており、本初子午線ともいいます。子午線の「子」は真北、「午」は真南の意味で、子午線とは真北と真南を結んだ線のことです。

> **知っトク！**
>
> **本初子午線**…グリニッジ子午線ともいう。英国の旧グリニッジ天文台エアリー子午環の中心（現在でも標柱がある）を通る子午線のこと。

※経度の「経」は「たていと」、緯度の「緯」は「よこいと」と読みます。

　北極点の上空から地球を眺めて、本初子午線を起点に時計回りを西経、反時計回りを東経と定め、おのおのの180度は日付変更線辺りになります。緯度は赤道が0度で、北極点、南極点とも90度、赤道より北が北緯、南が南緯となっています。

　先述のダンケルク、パリ、バルセロナ間を結んだ線は、いずれも東経2度の延長線上にあり、ダンケルクとバルセロナの緯度の差が10度あることからダンケルク、バルセロナ間の9倍を1万kmと定めたのです。

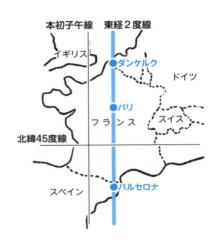

　地球は1日1回転しているので、上空から見た地球を円形と考えれば、1日24時間で360度回転しているので、360÷24＝15より、経度15度ごとに1時間の時差が生じる計算になります。

メートル法は万国共通？

　このように大変な苦労の末に作られたメートルという単位を基にメートル原器が作られ、さらにメートル法が作られました。世界標準にするための運動も強力に推進され、1875年には「メートル条約」が制定され世界各国が加入し、メートル法への移行が進められていきました。

　しかし、米国など3か国は今でもヤード・ポンド法を使っています。1983年には、光の速さを基にして1mが定められるようになりました。

　さらにメートルを基準に、重さ（kg）、面積（a）、液量（L）も取り決められていきました。日本は条約が締結された10年後に加入し、数年後にはメートル原器の交付も受けましたが、まずはそれまで使っていた尺貫法と併用する形となりました。

単位はなじみやすいよう、メートル（m）⇒米、リットル（L）⇒立、というふうに漢字に置き換えるなどの措置がとられました。「1 平米」などの表記は、この時期の名残ですね。このような経緯があって、加入後メートル法に完全移行するまでに長い年月がかかったのです。

1m が長さの基準点

　私たちが普段よく使う長さの単位を見てみましょう。

| 1,000 の 1 | 100 分の 1 | 基準 | 1,000 倍 |
| 1 mm | 1 cm | 1m | 1km |

となっています。m（ミリ）は 1,000 分の 1、c（センチ）は 100 分の 1、k（キロ）は 1,000 倍を意味することを覚えておきましょう。

※重さの単位でも使われます。

長さ	1 km を 1 とした場合	1 m を 1 とした場合
km	1	0.001
m	1,000	1
cm	100,000	100
mm	1,000,000	1,000

◆よく使われるその他の単位

1海里	1852m	1.852km
1マイル	約1,609.3m	約1.6093km
1ヤード	91.44cm	0.9144m
1フィート	30.48cm	※1ヤード＝3フィート
1インチ	約2.54cm	※P.189参照

縮尺2万5,000分の1の地図

　山登りの好きな人は地図が欠かせません。地図を折り畳んでビニール袋に入れ、いつでも見ることができるように首からぶら下げている人もよく見かけます。

　登山で一番よく使われる地図は、縮尺1/25,000なので、具体例を挙げて説明します。縮尺とは、実際の距離（長さ）をその割合に縮めているものなので、地図の長さから実際の長さを求める場合、その分大きくすればいいのです。

　縮尺を計算する場合は、次の公式から求めます。

> ①地図上の長さ A ＝ 縮尺 B × 実際の長さ C
> ②縮尺 B ＝ 地図上の長さ A ÷ 実際の長さ C
> ③実際の長さ C ＝ 地図上の長さ A ÷ 縮尺 B

【例】

「縮尺1/25,000の地図で4cmの実際の長さはいくらか」

　実際の長さを1/25,000に縮めた4cmなので、2万5,000倍が実際の長さになります。（答え：100,000cm➡1,000m➡1km）

地図上の長さA	縮尺B（分の一）	実際の長さC
A＝B×C	B＝A÷C	$C = A \div B$ $= A \times \dfrac{1}{B}$
（例）4cm ➡	25,000 ➡	4cm×25,000＝1,000m ＝1km

　ちなみに方位磁石を忘れた場合、アナログ時計を水平に持って、短針（時針）を太陽に向けたとき、12時との中間が南となります。

じゃあ これはどうなる？

① 0.5km ＝ （　　　　　　）m

② 50m ＝ （　　　　　　）cm

③ 赤道のまわりの長さ ＝ 約（　　　　　　　）km

④ 経度30度での時差 ＝ （　　　　　）時間

⑤ 南極点の緯度 ＝ 南緯（　　　　）度

⑥ 日本の標準時とイギリスの時差 ＝ （　　　　）時間

⑦ 縮尺1/1,000の地図で1cmは実際の長さ ＝ （　　　　　　）m

⑧ 実測2kmは縮尺1/10,000の地図なら （　　　　　　）cm

≪考え方のヒント≫

① 1km＝1,000mです。

② 1m＝100cmです。

③ 秒速30万kmの光が7.5周します。

④ 経度15度につき1時間の時差があります。

⑤ 経度は東経180度、西経も180度です。
北緯、南緯とも赤道（0度）から90度まで。

⑥ 日本は東経135度、イギリスは0度（本初子午線）です。

⑦ 実際の長さC ＝ 地図上の長さA ÷ 縮尺B
1cm ÷ 1/1,000 ＝ 1cm × 1,000 ＝ ? m

⑧ 地図上の長さA ＝ 縮尺B×実際の長さC

【正解は…】

① 500　　② 5,000　　③40,000（4万）　　④ 2

⑤ 90　　⑥ 9　　⑦10　　⑧20

4

知ってると何かトクしそうな数学の底力

1から100までの和はいくつ？

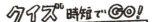

7+14+21+28+35 は？
10秒で答えろ！

 シンキングタイム、スタート！

 7足す14で21、21足す21で42、42足す…

 10秒？ いやぁムリムリ。

 あれっ？ 7ずつ足した数になってる！

 だ〜か〜ら〜？

 いや、といって10秒じゃ…。

 アンナさん、いい着眼点です！
「等差数列(とうさすうれつ)」に気付けば、そこからは楽勝ですよ。

1から100までの和の素早い求め方

　唐突ですが、1から100までの合計はいくつになるでしょうか？「1から10までの合計なら55と分かるよ」という人も多いと思います。クイズの問題になっていたりもしますよね。

　そこで、このような問題の解き方を分かりやすく説明していきます。

$1 + 2 + 3 + \cdots\cdots + 99 + 100 = S$ …① と置きます。

（この文字は何でもOKです。）

順序を変えても合計は、同じSになるので、
$100 + 99 + 98 + \cdots + 2 + 1 = S$ …② となります。

①＋②を計算します（上の数字と下の数字をタテに足していきます）。

$$
\begin{array}{r}
1 + 2 + 3 + \cdots\cdots + 99 + 100 = S \\
+)\ 100 + 99 + 98 + \cdots\cdots + 2 + 1 = S \\
\hline
101 + 101 + 101 + \cdots\cdots + 101 + 101 = 2S
\end{array}
$$

左右順序を変えて
　　$2S = 101 + 101 + 101 + \cdots + 101 + 101$

101を100個、足すので、
　　$2S = 101 \times 100$

両辺を2で割って、
　　$S = 101 \times 50 = 5{,}050$
となります。

「2S」は求めたい「S」の2倍になっているから、最後に2で割るんです。

ほらね！簡単

等差数列の和

1、2、3……、99、100 のような数字の並び方を、数学では、数字と数字の間の差が「1」と等しいことから、等差数列の和といいます。

> **知っトク！**
>
> **等差数列**…ある数に一定の数を足していく（または一定の数を引いていく）ことでできる数列。

等差数列の和を出す公式は、次のとおりです。

$$（等差数列の和）＝\{（初項）＋（末項）\}×（項数）÷2$$

※前ページの例では、$(1 + 100) × 100 ÷ 2$

1からnまでの等差数列の和を求めるには、

$1 + 2 + 3 +……+ （n－1）+ n = S$　…①　と置きます。

順序を変えても同じSになるので、

$n + （n－1）+……+ 3 + 2 + 1 = S$　…②　となります。

①＋②を計算します（上の数字と下の数字をタテに足していきます）。

$$
\begin{array}{ccccccccc}
& 1 & + & 2 & +\cdots+ & (n-1) & + & n & = S \\
+) & n & + & (n-1) & +\cdots+ & 2 & + & 1 & = S \\
\hline
& (1+n) & + & (1+n) & +\cdots+ & (1+n) & + & (1+n) & = 2S
\end{array}
$$

左右順序を替えて

$2S = (1+n) + (1+n) +\cdots+ (1+n) + (1+n)$

$(1+n)$ をn個、足すので、

$2S = (1+n) × n$

両辺を2で割ると…

$$S = \frac{n(1+n)}{2}$$

これが1からnまでの和（S）の公式です。

184

5から25までの和は？

今度はやや難しいパターンです。5から25までの和はいくつでしょうか。

$5 + 6 + 7 + \cdots\cdots + 24 + 25 = S$　…①　と置きます。

順序を変えても同じSになるので

$25 + 24 + \cdots\cdots + 7 + 6 + 5 = S$　…②　となります。

左右入れ替えて、①＋②を計算します。

$$
\begin{array}{r}
S = 5 + 6 + \cdots\cdots + 24 + 25 \\
+\!\!\!\!\!\!\underline{\, S = 25 + 24 + \cdots\cdots + 6 + 5} \\
2S = 30 + 30 + \cdots\cdots + 30 + 30
\end{array}
$$

今度は30がいくつ（項数はいくつ）でしょうか？

$25 - 5 = 20$

残念ながら20個ではありません。$25 - 5$ は、あくまでも、25と5の間隔の数。項数（個数）を出すには　1を加える必要があります。

$2S = 30 × (25 - 5 + 1)$

$S = 30 × (25 - 5 + 1) ÷ 2 = 315$　となるのです。

ここが目のつけどころ！

上記の間隔の数と個数の話を分かりやすく「5から10」で解説すると次のようになります。

間隔の数　　$10 - 5 = 5$

個数　　　　$10 - 5 + 1 = 6$

コラム

「マイナス×マイナス」が
なぜプラスになるのか？

　中学1年の数学で最初に習うのが「正負の数」、つまりマイナスの数字です。私（グッチ）の経験上、多くの生徒がてこずるのですが、「同符号同士の掛け算には、プラスの符号をつける」（年上の人たちは、思い出しましたか？）。多くの生徒は、納得したわけではないけれど、先生がそう言うからと、何となく覚えたのではないでしょうか。

　ここでは、私が、目からウロコ、抱腹絶倒の説明をさせていただきます。ご期待ください!!

　　　　　　　　　*　　　　　　　　　　　　　　*

　私は、毎日毎日髪の毛が2本ずつ抜けます。
今日を基準に考えると、

今日は、±0（プラス、マイナス、ゼロ）。
明日（1日後）は、（−2）×1＝（−2）本、2本少ない。
明後日（2日後）は、（−2）×2＝（−4）本、4本少ない。

ここまでの関係を表示してみます。

時の流れ	今日	1日後	2日後	時の流れ
→	±0	−2本	−4本	⇨
→	プラスマイナスゼロ	（−2）×1	（−2）×2	⇨

　では、昨日（1日前）はどうか。（−2）×（−1）＝＋2、
今日より2本多く、一昨日（2日前）は、（−2）×（−2）＝＋4

今日より4本多かったのです。

さらにこの関係も併せて、表にまとめてみましょう。

時の流れ	2日前 (－2日)	1日前 (－1日)	今日 0基準	1日後 (＋1日)	2日後 (＋2日)	時の流れ
➡	＋4本	＋2本	±0	－2本	－4本	⇨
➡ ➡ ➡	(－2) ×(－2) ＝＋4	(－2) ×(－1) ＝ ＋2	プラス マイナス ゼロ	(－2) ×1 ＝－2本	(－2) ×2 ＝－4本	⇨ ⇨ ⇨

（マイナス）×（マイナス）＝（プラス）が分かりましたね。

学生時代のグッチはジャングル!?

　余談ですが、私は学生時代、頭髪がジャングルのようにフサフサでした。信用してください、本当の話です。それもそのはず、通っていたのが「毛多（ケーオー）大学」だったのですから!!

【単位換算】ダース、量、重さ

　数の単位に「ダース」があります。鉛筆を箱買いすると1箱12本、これが1ダースです。12箱12ダースを1グロスと言います。どちらも、12か月⇨1年と同じ12進法ですね。そういえば、十二支も12進法の一種と考えられますね。

＊　　　＊　　　＊

　十二支は、星の動きから天球を12に分け名付けたもので、時や方角、月などを表すのに用いられました。

十二支	子（ね）	丑（うし）	寅（とら）	卯（う）	辰（たつ）	巳（み）	午（うま）	未（ひつじ）	申（さる）	酉（とり）	戌（いぬ）	亥（い）

＊　　　＊　　　＊

　量ではタテ、ヨコ、高さそれぞれ10cmの立方体の体積は1000cm³（1L＝1,000mL＝1,000cc）です。水の比重は1なので、1L＝1kg。1mL＝1cc＝1gとなります。なお、ボクシングで使う単位の、1ポンド≒453.6gで、製菓用の1ポンドバターには450gの表示があります。

　ドラム缶が1本200L、マンション屋上などに設置してある貯水槽は、1辺（タテ、ヨコ、高さ）各1mの1m³＝1000L＝1トン単位です。タテ2m、ヨコ3m、高さ2mのパネル型貯水タンクは、2×3×2＝12m³です。ご家庭の浴槽は、200L前後のものが多いです。お風呂の残り湯はすぐ捨てずに、洗たく、洗車、植木の散水等に使用しましょう。

（参考：国土交通省資料）

【単位換算】広さ、長さ

広さの単位にはa(アール)、ha(ヘクタール)があります。

$1a = 10m \times 10m = 100m^2$

$1ha = 100m \times 100m = 10{,}000m^2$

$1km^2$は、$1km \times 1km$の正方形の面積ですから、

$1{,}000m \times 1{,}000m = 1{,}000{,}000m^2 = 100ha$

◇正方形の場合

簡易換算表	1辺の長さ	辺の長さ	広さ	単位変換
$1cm^2$	1cm	100倍	⇨ 10,000倍	= $1m^2$
$1m^2$	1m	10倍	⇨ 100倍	= 1a
1a	10m	10倍	⇨ 100倍	= 1ha
1ha	100m	10倍	⇨ 100倍	= $1km^2$

　公立小中学校では普通教室の約7割が65m²未満となっています。教室の広さについて国の基準はありませんが、戦後間もない1950年の校舎大量整備の際に示された、7m×9mの教室が多いようです。

（参考：文部科学省資料）

　東京ドームの広さが前項（**3-2**）に出てきましたが、プロ野球のグラウンドの広さを、アバウトに100m×100mと考えれば、1haになりますね。また、長さの単位にインチがあります。1インチは約2.54㎝で、TVやパソコン、スマホの画面の大きさを表す時などによく使います。13インチのディスプレイといえば、13×2.54≒33㎝になり、これはモニター画面の対角線の長さを表しているのです。

あとがき

　最後までお読みいただき、ありがとうございました。値引割引から始まり、リスク分散、選挙、健康、面積容積、持ち家、マイカー、宝くじ、異常気象、台風、人口問題など幅広い話題から数学関連を抜き出してみました。浅く広い問題提起ですが、こうしてみると日常生活にいかに数学が溶け込んでいるかがよく分かりますね。

　皆さまにはどのテーマが一番興味深かったでしょうか。この本では、くわしく解説できなかった問題も多く、不満が残った方も多いことでしょう。しかし、あくまでも問題提起と受け流していただき、何かを深く掘り下げるきっかけになれば幸いです。そして皆さまがほんの1ミリでも数学好きになっていただければ、これ以上の喜びはありません。

　最後になりましたが、私の座右の銘をお届けいたします。

生涯現役　　西口 正

成功するまでやり抜く！

ひとたび立てた目標は
どんなことがあっても
必ずやり遂げよう
決まったことを　決まった時間に
決まった場所で
毎日着実に実行すれば
どんな大きな目標でも必ず達成できる
最後の最後まで自分を信じ、
決してあきらめないで
一生懸命頑張ろう

主な著書（監修を含む）

『まるっとわかる！　中学数学の基本のきほん』

『＜改訂増補＞たったの10問でみるみる解ける中学数学』

『あたりまえだけどなかなかできない　勉強のルール』

『すいすい解ける！　中学数学の文章題』

『中学数学のつまずきどころが7日間でやり直せる授業』

『勉強の達人　読んで楽しい小中学生「親の教科書」』

『受験は計画　成績アップノート』

『親と子の名言書き写しノオト』

『書いて心を整える論語』

※本書掲載の数値やデータは、2024年12月31日現在のものです。
その後の変更等には、十分ご注意願います。

【参考文献】（書名五十音順）

『サクッとわかるビジネス教養　行動経済学』　阿部誠監修　新星出版社刊

『縮小ニッポンの衝撃』　NHKスペシャル取材班　講談社現代新書

『『数学』はこんなところで役に立つ』　白鳥春彦著　青春出版社刊

『知識ゼロでも楽しく読める！　数学のしくみ』　加藤文元監修　西東社刊

『縮んで勝つ　人口減少日本の活路』　河合雅司著　小学館新書

『身のまわりのすごい技術大全』　涌井良幸、涌井貞美著　KADOKAWA刊

中学数学ですべて解決！

数学の底力

勉強嫌いでも知ってトクするくらしの数学

―――――――――――――――――――――――

2025年3月14日　　初版発行

著者／西口 正

発行者／山下直久

発行／株式会社KADOKAWA
　　　〒102-8177　東京都千代田区富士見2-13-3
　　　電話0570-002-301(ナビダイヤル)

印刷・製本／大日本印刷株式会社

●お問い合わせ
https://www.kadokawa.co.jp/（「お問い合わせ」へお進みください）
※内容によっては、お答えできない場合があります。
※サポートは日本国内のみとさせていただきます。
※Japanese text only

本書の無断複製(コピー、スキャン、デジタル化等)並びに無断複製物の
譲渡及び配信は、著作権法上での例外を除き禁じられています。また、
本書を代行業者などの第三者に依頼して複製する行為は、たとえ個人
や家庭内での利用であっても一切認められておりません。

©Tadashi Nishiguchi 2025　Printed in Japan
ISBN978-4-04-738186-5　C0041

定価はカバーに表示してあります。